长线生长

如何修炼出自己的核心内容

李不太白 / 著

图书在版编目（CIP）数据

长线生长：如何修炼出自己的核心内容 / 李不太白著 . —广州：广东人民出版社，2023.7

ISBN 978-7-218-14716-1

Ⅰ. ①长… Ⅱ. ①李… Ⅲ. ①人生哲学—通俗读物 Ⅳ. ① B821-49

中国版本图书馆 CIP 数据核字（2020）第 245203 号

CHANGXIAN SHENGZHANG:RUHE XIULIAN CHU ZIJI DE HEXIN NEIRONG
长线生长：如何修炼出自己的核心内容
　李不太白　著　　　　　　　　　　　版权所有　翻印必究

出 版 人：肖风华

选题策划：肖风华
责任编辑：李力夫
责任技编：吴彦斌　周星奎
装帧设计：宋卫卫　安　平

出版发行：广东人民出版社
地　　址：广东省广州市越秀区大沙头四马路 10 号（邮政编码：510199）
电　　话：（020）85716809（总编室）
传　　真：（020）83289585
网　　址：http://www.gdpph.com
印　　刷：三河市中晟雅豪印务有限公司
开　　本：710mm×1000mm　1/16
印　　张：21.75　　字　　数：260 千
版　　次：2023 年 7 月第 1 版
印　　次：2023 年 7 月第 1 次印刷
定　　价：68.00 元

如发现印装质量问题，影响阅读，请与出版社（020-85716849）联系调换。
售书热线：（020）87716172

序言 懂得了这片土地内容的人,就可以修炼自己的内容了 / 001

一生一念

蝴蝶飞不过沧海,是因为还没有羽化成神 / 012

最高配的带头大哥,内心都住着一个孩子 / 026

建立自己的内容体系

若没有自己的体系,听再多金句也难成第一流 / 044

若没有自己的内容,碰上再多机遇也把握不了 / 055

外力 / 找到气味相投的班子

终生不渝的合伙人，需要什么样的生长信念？ / 068

女排精神迭代的启示：从国家神话到一个现代团队 / 079

组织 / 穿越传统黑洞

旧式人情关系，为什么会侵蚀组织的未来？ / 092

晁盖的拳头，宋江的道统：论组织秩序的存在基础与漏洞 / 130

心有猛虎，如何细嗅蔷薇：论群体道德的不可假设 / 150

实践 / 修罗场里永不言退

若没有囚禁的愤怒，生命的光芒就不会如此特别 / 172

愤青的战争：如何改写命运的剧本？ / 183

大龄青年的关键一步，是拿下人生中的那个"锦州" / 191

从荣耀之地重新开始

愿万里归来，你不是慕容复 / 204

所有的油腻中年，都是最值得奋发的人间青春 / 214

谁持彩练当空舞

最后一枝罂粟花：为什么要清楚权力边界？ / 222

猛人的春天：一切人身依附关系终将消散 / 249

生于永不消失的忧患

比找不到出路更危险的，是高山上的自我放逐 / 268

愿你终于在山上看到的，还是当初在山下向往的 / 302

后记　因为看过了长线的历史，所以我相信中国的内容 / 319

序言
PREFACE

懂得了这片土地内容的人，
就可以修炼自己的内容了

一

中国身处互联网前沿，很多有志青年喜欢追逐新潮概念，瞩目新生变化，捕捉新鲜机会，想着赶快冲上去搏击一番，万一闯出个什么"独角兽"呢？这样充满干劲的朝气自然很好。

伴随着一波波新潮概念不断冲击着视听，诸如垂直产品、免费、共享、私域流量、知识付费、底层逻辑、短视频、直播等等，搅得大家心动神摇，也不免让更多人时常焦虑，担心自己哪天不小心错过了什么潮流，被"时代抛弃了你连个招呼都不打"。

其实，紧跟"变化"有必要，却不必这般心急火燎。很多人忽视了最重要一点，那就是在时代的千变万化面前，你能否抓住机遇、赶上潮流乃至领导潮流，根本上还是取决于你自身是否首先具备了一些"不变"的素质。

你拥有了这些"不变"的东西,才是决定你能不能站得住、又能够走多远的关键。

在我看来,所谓"不变的东西",第一是你能否懂得中国这片土地的内容,第二是你本身是否具备属于自己的内容。

二

如果你懂得了脚下这片土地,你就会发现,在那些什么云、算法、数据、架构等技术层面之外,真正颠覆性的内容实际上并不多。那些能够出现在市场上的时髦花环,背后往往都有一片芬芳盛开的山坡。

很多新鲜概念并非无源之水。

你是否想过,当我们谈到垂直产品,谁能比得过鲁班呢?谈到私域流量,谁能比得过宋江在朋友圈搞出的"及时雨"口碑呢?谈到免费,谁能比得过李自成"闯王来了不纳粮"口号对农民的诱惑呢?谈到共享,谁能比得过太平天国运动的"有田同耕、有饭同食、有衣同穿、有钱同使"的蛊惑呢?谈到底层逻辑,谁能超过汉初贾谊《过秦论》对秦帝国入木三分的剖析呢?

认真想一想,是不是这么回事?

我们的确生活在现代社会,但我们也从未挣脱过中国历史深层的人性束缚。

所以当互联网弄潮儿们有那么一阶段都喜欢说"内容为王"时,你是否想到在互联网的各种概念浪潮下,无论你是想要"称霸",还是想要"为王",你首先就要懂得中国这片土地的"内容"呢？

这个内容，正是大中国几千多年沉淀下来的那些不变特质。

你是否想过，为什么曾经在中国引领过新潮流的那些西方互联网巨头最终纷纷折戟败走呢？为什么雅虎干不过新浪、Msn 干不过 QQ、eBay 干不过淘宝、Google 干不过百度呢？其实，这都跟他们这些"外来户"不懂这些中国这片土地的内容有关。

长征途中，周恩来曾跟博古说过，你我都是吃过洋面包的，吃过洋面包的人都有一个大缺点，就是对中国的国情不是那么了解。的确，要看清东方潮流的趋势，从而把握与引领潮流，就必须真正深刻懂得中国这片土地内容，比如熟读历史的毛泽东当初就看出了中国的秘密在农村。

三

懂得了中国这片土地的内容，仍然是不够的。

能不能成为时代的弄潮儿，最终还要看你自己本身是否拥有足够硬核的内容。

有没有自己的志向与决心，决定了你能不能起步；懂不懂中国这片土地的内容，决定了你能不能站得住脚；而你自身的内容够不够硬核，才真正决定了你能不能走得远。

所谓创业，本质上都是在强大对手意识尚未全然觉醒的暗夜里，率先点起星星之火，然后组织人力、财力、物力去试图燎原。然而说到"星星之火，可以燎原"，却有两个基本前提：第一你要在大家眼前还都是一抹黑时，你因为懂得中国这片土地的内容而能够看提前预见到"燎原"那个未来场景；第二是要靠你自身具备足够硬核的内容去兑现想象中的那个未来场景。

回顾这片土地上的中国人生活经验，你就会发现在大致相同的条件下，如果你有足够硬核的"内容"，即便是贩夫走卒，你也可以比别人有更多机会站到潮头风口，例如编织草席、贩卖草鞋为生的刘备，比如饥肠辘辘、抱着把剑四处晃悠的韩信，等等。

如果你自身没有够硬核的"内容"呢？即便你侥幸成为拥有千军万马的带头大哥，你也可能在群雄逐鹿中搞得乌烟瘴气，一败涂地，例如贵族出身、手握庞大军队的袁绍，他最终败于社会地位与队伍规模远不及他的曹操，难道不是因为袁绍肚子里的"内容"远逊于曹操的缘故吗？

再比如那个曾经考了17年、却连个秀才都考不上的洪秀全，他那天赋愚钝、腹中才学贫瘠的客观事实也支撑不了他办大事。就算他后来因时就势，侥幸占据了半壁江山，结果又能怎样呢？他本人既没有能力理解传统中国的社会文化土壤，也没有能力洞察到当时中国面临的时代趋势，仅仅靠街头捡来本不伦不类的耶稣小册子，就在发小冯云山操持下，改头换面搞"拜上帝教"那一套，完全脱离了传统中国文化土壤与当时的社会现实，遭到了当时书生、士人、乡绅阶层的一致反对，那怎么可能走得远呢？要知道如果不能赢得社会知识精英群体的加入，历来中国封建社会的农民起义都是难以成功的……更何况洪秀全本人技术层面的领导力"内容"也严重匮乏，他靠着那套装神弄鬼的"共享"概念能糊弄贫困阶层一时，并且还能勉强支撑十来年，主要还是因为晚清八旗绿营兵已腐朽透了、社会现状又实在太过糜烂、民不聊生之故。等到洪秀全遇到了既懂得中国土地内容、自身内容又特别硬核的曾国藩时，那么太平天国被收拾掉只是时间早晚而已——即使曾国藩的队伍兵力远少于洪秀全。

如果我们再比较蒋介石、毛泽东两人的文韬武略内容，那么这两位领导者对中国这片土地"内容"的理解程度、他们自身胸怀"内容"的硬核程度，其实力对比的差距就更加明显了。

梦想的高楼再大，归根到底还需要你一要懂得脚下这片土地的内容，二要建设出自己足够硬核的内容去支撑。

在这方面，那才是无分贵贱，真正叫作众生平等了。

因为这个缘故，我也在这本书中特别选取了中国历史上的三个大改革家管仲、王安石、张居正，选取了从传统中国向现代中国转型之际具有典型意义的胡雪岩、曾国藩，选取了梁山宋江、晁盖两种领导类型，也稍微触及了先秦诸人物、秦孝公、刘邦、张良、诸葛亮等历史故事，再结合一些当初的时事热点加以分析，以寻找他们自身"内容"与成败之间的关系。

对他们自身那些"内容"的观察，也包括意志的养育、精神的注入、政商边界的审慎、现代观念的探索等等。

对此，这本小书下半部分已经用了专门章节分别简要论述了。

四

看到这儿，也许你已迫不及地要问：到底怎样建立自己的硬核内容呢？

事实上，由于每个人个性与资质都不同，从事职业种类又林林总总，人生目标千差万别，因此要想概括出一个建立硬核内容的通行方法是不可能的。

那这本小书说了些什么呢？

它从一个人"长线生长"需要哪些条件为问题起点，尝试着从心法、内功、外力、组织、实践、意志、身姿、精神等八个方面去点燃你心中的一些东西，触发你为如何建立自己的"内容"去了解、去思考、去懂得、去决定。

将"心法"放在第一章，在逻辑上是有深意的。在我看来，既懂得中国这片土地的内容，又在长线中修炼自己的硬核内容，不断生长，它们首先都从属于一个东西：你的心念。

心的修炼，是早期儒家精神最为看重的内容。孟子问："人之所以异于禽兽者几希？"人与禽兽的区别，孟子的答案是就在于人的心性。一个人一生无论有多大成就，它都始于"起心动念处"。人生最终的结果虽然也许是由各种人力、时与势、出身、外界环境等诸多因素综合决定的，但最根本的还是在起心动念处的那一刻。

可以说，一"念"之别，最后就是天壤之别。所以《大学》里特别看重一个人的心性修炼，强调"欲修其身者，先正其心"。一个人一生中最终抵达的那个所在，那个"止境"，都是他的心驱使他抵达的。

在艰难起步的阶段，在遭遇障碍的途中，在攀登上丰满荣耀的顶峰之际，每一阶段，你的"心"都会不断地受到严峻的挑战。也正因为如此，我们就需要在源头分辨、探索、寻找、测验、修正、坚定我们的心志。

我想，这大概就叫"定心"吧！

序言

《西游记》最重要的一章大概应该是"八卦炉中逃大圣，五行山下定心猿"，这也是孙行者人生最为关键的转折点，它对应的，难道不正是《大学》里说的"知止而后有定，定而后能静，静而后能安"吗？

一个人能不能定心？什么时候定心？在我看来，这都是需要点醒悟的功夫的。有的人天资聪慧，很早就清楚并坚定了自己的心志；有的人生性顽劣，要经历过一番折腾之后才定下心志；有的人生而平凡，经历了复杂的人生歧路之后，才看清并确定自己的心志；有的人识见总是迟钝，蹉跎了大把岁月之后，迹近晚年才分辨出自己的心志；有的人不免愚笨，终生不明自己的心是什么或是在哪……人生所以千差万别，就都在这里面了。

心既定，就可以去弄懂中国这片土地了。

或者，也可以反过来去做，在弄懂中国这片土地的过程中，去确定自己的心志。比如在那些生而平凡的人群中，他们很多人就都是在经历了一番人生歧路之后，才终于在不断勤读中国的过程中确立了自己的人生志向。

正因为以上这种种缘故，在《长线生长》中，我从传统中国与现代中国关系方面着力，说了这片土地两千多年来沉淀了什么特质内容，说了它们对我们现代中国人潜移默化的影响；说了两千多年中央帝国制度巨大惯性如何作用于今天的现代团队身上；说了在这种影响与惯性之下，要看清、面对、扬弃或坚持、远离或倾向于些什么内容，从而为我们建立自己内容打下基础；说了这片土地内容的本质正在于两千年儒家农耕文化与近现代工业社会及信息社会的剧烈碰撞，以及它们的革变、交融与新生。

说了在这种剧烈碰撞与新生中,我们可以逐渐懂得脚下这片土地内容的磅礴与复杂、光芒与暗影、深厚的智慧与潜伏的病毒。

同时也包含了我对于中国文化传统的赞美与批判,对现代中国的由衷相信,对未来时代的无限期待,以及必不可少的深入反思。

概而言之,你拿在手上的这本小书看起来好像是没有说如何"长线生长",没有具体探讨如何建设自己的"内容",但这本小书又通过一种"模糊的感觉"将这些说清楚了。

我喜欢模糊。有时候我们看不清,正是因为我们看得太清楚了,但实际上,模糊比清楚更清楚。所以你要想真正地看清,你就必须从远处模糊地看,退而远瞻。

需要说明的是,这本小书是在我此前一些文章基础上进行选取、整理、修订而成的,有些内容与想法的修订幅度虽然已经不小,但一些当初的青涩痕迹还是在所难免。

五

要恭喜你身逢这个中国时代。

它的发展速度是如此令人目不暇接,可以说每个中国青年都已置身一个多彩变幻的时空中,它比过去五千年中国所有变迁加起来都还要更加广博,更加繁复,更加浩渺到近乎无限,每个人拥有的机会也因此前所未有地多。

但在传统中国的农耕文明社会里,人员流动性少,体力仍然是主要的劳动基础。相比于此,在如今的现代中国这个时代,社会激烈竞争程度对于多数普通人家的子弟来说也更加不讲情面。在滚滚而来的信息化巨浪中，如果你不具有长线生长意识，不能在某个领域持之以恒地修炼出自己的核心内容，那么随着时光流逝，你被这个急剧变化的时代边缘化的概率也远比传统农耕社会要轻易得多。

虽然如此，也要相信，人类这种动物，块头不如大象，强壮不比牛马，搏斗难敌狮虎，可凭什么是人类而非其他生命主导了这个星球呢？就凭较之于任何其他动物，人类大脑的"内容"更硬核：人类会抽象思考，会逻辑推理，会天马行空地想象，从而能驾驭各种各样的环境，创造各种各样的可能，并且这种智慧与能力还能一代代地以内容的方式记录、累积、传递、升华、跨越……因为这个缘故，当你决心已定，当你确立了自己热爱的领域，当你踏上探索自我生命意义的征程，当你开启自我核心内容的建设之旅，那么又有什么不能抵达的彼岸呢？

你的心思当退而远瞻，你的行动当有进无退。

六

从传统到现代，中国是如此独一无二，如此特别，她始终是一本厚厚的大书。面对这本大书，我想起曾在哪儿看过这么两句话：一句叫作"有所思"，一句叫作"无尽意"。

从绵绵不绝的传统中国转型到繁复的现代中国，万千内容无法一一清楚表达，这是"无尽意"；从那些绵绵不绝与繁复中穿身而过，在万千内容中选取一个窄门深入探索钻研，这是"有所思"。

如果这本小书能让读它的人"有所思"，让有所思的人能看见它背后的"无尽意"，那我觉得自己投入在笔下的这一番心思与功夫也就值得了。

当你凭着年轻的勇气躬身入局世事，当你在暗夜时分遭遇无人理解，翻翻这本小书吧！也许，它会在某一刻激起你心中一朵小小的星光，也许这朵小小的星光能够在某一刻引燃你生命的整个星空。

心法
THE MIND

一生一念

**蝴蝶飞不过沧海，
是因为还没有羽化成神**

一

世间最优美的情诗，是一个丑男写的。

这个连亲爹都嫌他长得难看的人，叫钱镠。姓和名里都带金，一看就知道不是诗人。

钱镠志在发家致富。他一生努力，最后勉强创业成功，建了一个叫"吴越国"的小公司，在唐末、五代十国年间。

有一年春天，钱镠王思念生长，就给每年春天都回老家玩的夫人写去了一封信，信上说——

"陌上花开，可缓缓归矣。"

意思是田间阡陌上的花开了，你可以回来了吗？归来时慢慢走，不要让双眼辜负了沿途的春花。

也许钱镠有一腔的话，然而只是蜻蜓点水地留下了一句小叙、一个浅浅提议，让亲爱的她流下了泪，笑容绽放了整个春天。

他随手裁取一生的片刻时光，温暖了世间的行人。

二

这浅浅的两句，在我看来，也是对浩渺人生的哲学问询。

陌上花开，像是你一生追求的那些事物：理想、自由、幸福、热爱，或是别的心头遥望的光。

缓缓归矣，则像人生的终极答案。

毫无疑问，人生终将归去。无论你是富可敌国，还是一贫如洗，都一样不能例外，就像曾经有 1080 亿个人在这地球上活过、并死去一样。

每个人终其一生的时光，也不过都是如同一次陌上花开、一次"缓缓归矣"那样而已。

你是什么样的花其实并不重要，生命的秘密在于你用什么方式绽放、最后又将归于何处。

公元 627 年，有个青年用一生的脚步给出了答案。

三

这一年夏末，这个青年决定去一个很远的远方。

然后他就动身了，孤身一人。

其实一开始想去远方的，也不是他一个人，有一帮粉丝热情高涨地要追随他。但他们很快就失望了。

政府说，边境正在准备战争，私人一律不准出关，否则统统监狱里见。

所有人都害怕了，散了，除了这个青年。

大概这世上的事就是这样吧：有些人想想，有些人试试，只有少部分人一直行动下去。

入秋时节，一场饥荒突然不期而至，灾民乱哄哄地四处逃难，青年就混到难民中偷偷向远方出发了。

他走啊走，一走就是几万里，直到19年后才回到家乡，这个说走就走的故事后来成了传奇。

但实际上，在他费尽周折地偷渡出边关、才走上100多里地后不久，就差不多被宣布了死刑。

宣判者并不是政府，而是无垠的沙漠。

四

当这个青年走入了一个叫"莫贺延碛"的八百里大沙漠后不久，他就迷了路。

沙漠不是平原，面对四周几乎一样的沙地与沙丘，只能凭借地上动物尸骨、天上星像辨认方向，很容易迷失。

烈日照晒下的沙漠一片死寂，时而狂风呼啸，黄沙如雨，青年很快出现了幻觉，似乎有无数的妖魔鬼怪在他身边环绕不去。

焦躁失措的青年，又犯了一件所有沙漠旅行者绝对不可以犯的大错——失手把水袋打翻了，茫茫黄沙瞬间吞没了携带的所有存水。

一个沙漠里没有水的旅客，结局只有一个。

把你的骨头留下，让风沙带走你的皮肉。

八百里莫贺延碛沙漠，昼夜的温差巨大，冬季寒冷的夜晚，不断透支着青年本已虚弱的体力。远近又有磷火不断闪烁,"鬼影"憧憧,摄人心魂。

四天五夜滴水未进的青年,陷入了半昏迷状态。

死神在召唤。

在生命留存的最后阶段,青年应该是在脑海中慢慢地回忆了一下他短暂的人生。

我是谁?我从哪里来?我要到哪里去?

我对这个世界还有多少眷念?还有什么未了的平生心愿?这尘世有多少值得回忆的岁月?

五

他应该会想起来,他叫陈祎,本是一个大院人家的子弟,自幼勤学苦读,博识早慧。

他生于官宦世家,曾祖父担任过太守、征东将军,祖父是国子监博士、礼部侍郎,父亲也做过县令,就连他的外公也是洛阳长史。

大院人家的子弟,有两个明显好处:一是假如有个负责的老爸,他一般会饱读群书;第二是在隋唐那个时期进入官场工作相对容易。

陈祎刚好有个负责的老爸。

不是一般负责,是特别负责:在陈祎 5 岁时,他就辞官回家,专门教书育子。

陈祎本可以轻松通过考试迈入仕途的,但他却从没想过要从政,简直是毫无兴趣。

这个熟读经书的官宦子弟,他的心思,被一个问题困扰了,纠缠了。他想要在那个问题上探个究竟,问个清楚。

他走遍国内多所名院,求教多位一流老师,想要在他们身上找到走出迷途的启示。

他从东到西,走南访北,孜孜不倦地求解。

南方春风新雨后,是他独自徘徊的身影;帝都的宫墙外,他怅望远方,痴痴无语;蜀地名山大川中,他凭杖拾阶而上,叩问山门。

渐渐地,他的学问超过了所有教授他的老师。认识他的人,都对他的博学多闻、通透智慧钦佩不已,颂扬有加。

他在社会上声名鹊起,风采倾城。

然而,他自己却清晰地看到,随着自己走得越远,交流的人越多,见识越广,心头却越是困惑。

像一片云遮雾绕的山林,他想要走出来。然而在足迹范围内,他却找不到答案。

幸运的是,他结识了一位异国的师长。这个叫波颇的师长告诉他,要解开他的困惑,需要去一个遥远的地方寻找源头。

六

那时,没有飞机,没有高铁,没有汽车。对于他来说,最高级的头等舱也不过是一匹枣红马。

他记得,自己牵上缰绳就向那个地方出发了。

这样的寻找，于他实际生活而言，不会产生任何经济利益，发不了财，也上不了市，看起来一点实际价值都没有。

况且他正青春焕发，年华正好，而那远方只有未知的苦旅，无尽的凶险。

这样的人生值得吗？真是傻到家。

但他义无反顾。把大好青春韶华浪费在那些连绵的旷野、山林、沙漠，荒芜在无穷无尽的问询路上，他在所不惜。

他献上人生中最宝贵的光阴，不作他想。

七

在他前行的路上，他曾渡过多少凶险？

他应该会记得，边关的政府当局曾经发下追捕令，通缉一心要出关远行的他。

他也会想起，临时变卦的带路人石磐陀，曾经想要杀他灭口。

他还会回忆起来，身为西部强国的高昌国国王麴文泰，曾费尽心机、要强留下他来辅助治国，他用三天三夜的绝食与沉默加以抗争。

他也曾被拜火教徒追赶驱逐，花费一整夜的口舌说服头领，得以避免劫难。

在翻越大雪山凌山时，遭遇雪崩，他几乎殒命；而七天七夜穿行在海拔五六千米的雪山中，随从冻死了一半，他也因此落下重症。

他也曾被某宗教的狂热教徒抓去，准备杀了他当作活祭品献给天神，只因为天气突变而逃过一劫。

他也不会忘记，在异国的原始森林里，他也曾遭遇五六十个杀人不眨眼的强盗，直到被逼得走投无路，靠着一个隐秘的水洞藏身，侥幸逃脱……

然而没有一次，是像八百里莫贺延碛沙漠里这一回的遭遇一般，令人无法理喻。

因为这一次，几乎是他自找的。

八

在打翻水袋后不久，他很清楚，要孤身穿过八百里大沙漠是不可能的了。

他唯一能做的就是辨明方向，原路返回，走到最初进入沙漠的地方，补充足够水源后重新上路。

此时，他进入沙漠不过百余里，要返回估计一两天也就够了，完全在体能的承受范围之内。

别无选择的他，只有牵马转身而行。

他踩着沙砾、向着回程缓缓地走着。大漠的落日余晖拉长了他的身影，显得那样孤寂，又意味深长。

十几里路下来，他心如灰烬，向东走的每一步都不断地煎熬着他的内心。

他一次次想起自己的平生志愿，想起在边关那些度日如年的徘徊，想起曾经发下的誓言——若不求得人生真解，绝不向回踏上一步。

他停下返程的脚步。在那落日黄昏的大漠中，一个人孑然伫立，呆呆地望着远方。

他缓缓地转回身来，停下向回走的脚步，再次向沙漠深处走去。

这真是一个难以置信的决定。

饮水已失去，还要继续走入沙漠深处？这完全是舍弃自己生命的行为。在大自然的造物逻辑里，还没有人能离开水而独立存在。

在此后四天五夜里，滴水未进的他，凭着惊人意志默默前行。然而人的肉体终有它的极限，到了第五天，体力不支的他终于昏昏沉沉倒下了。

大漠的风声似乎慢慢平息，天地逐渐模糊，黄沙也不再有炎热与寒冷，生命渐渐地从他身上一点一点流逝而去。

这一年，他28岁，风华正茂。

九

九百多年以后，一部以他西行故事为蓝本的小说问世了，名叫《西游记》。

故事被赋予神话般的色彩，他有三个神力超凡的徒弟与一匹白龙化身的坐骑，保佑他一路平安。

但那只属于艺术的想象。

万里迢迢的西行路上，有白骨于野的沙漠、零下几十度的雪山、杀人不眨眼的强盗、外道教徒的活人献祭……就是没有神仙，没有长生不老的灵药，没有护身的卫队。

有的只是一个跟你我一样的肉体凡胎。

他动身时只是一个青年僧人,一无所恃。就像今日许多远离家乡、漂泊在外的青年人一样,心中或许有炙热的理想,但所能凭借的只有自己的才华、热爱、毅力,别无他物。

在践行理想的路上,千难万险接踵而至,而它们都是不可能事前预知和规避的。他所能赢得的一切帮助,也只有用自身的才华与勤奋换取。

被困凉州关内时,他以渊博学识讲经月余,感动了地方宗教领袖,对方派人掩护他昼伏夜行,悄然出关。

身陷西域霸主高昌国时,他以决绝之心对抗,以高僧的人气保护自己,最终赢得高昌国王支持,倾国家之力襄助他西行。

在行程的终点那烂陀寺,他凭着勤学在一万多僧众中脱颖而出,成为寺中当之无愧的最优秀僧人。他以对佛学的无上见解,让一个个前来诘辩问难挑战者败退而走,守护住了那烂陀寺的佛学领袖地位。

当两个印度国王为争夺他为上师而相互发出战争威胁时,他又在18天的辩论大会上,以悲天悯人的大乘佛法胸怀深入浅出地阐述精义,其他派高僧竟无一个敢与他对阵,使古印度20个国王、六千僧众心悦诚服。

他在异国光芒万丈,假如他留下,他将是印度各国当之无愧的宗教领袖,虽然他是一个外国人。

然而正如他来时心坚如铁一样,他归时丹心似箭,什么荣耀浮华也留他不住。

他婉拒了那烂陀寺的万人挽留,辞谢了寺庙领袖戒贤法师要将衣钵传之于他的情意，因为他的心中只有数万里之遥的大唐。

带着657部佛经归来后，他说服唐太宗李世民，得到国家力量的支持，潜心主持经书翻译。

54岁的他感到时不我待，夜以继日、争分夺秒地主持翻译，每天睡眠不超过4小时，一坚持就是19年。

这样超常的付出与坚持不懈，一般人实难想象。

以这样心系一处、数十年如一日地持续聚焦与全情投入，这世间又有什么事不可为呢？

最终，他翻译出100多卷《瑜伽师地论》、数百万字的《大般若经》，及其他45部、1235卷经书，直至生命的最后一刻。

他还留下一部《大唐西域记》，不仅使唐代中国及后来对西域对印度的山川风貌、风土人情、宗教习俗等有了更清晰了解，还使缺乏记录的古代印度历史重见天日，让印度人因此有了往事记忆。时至今日，要想了解七世纪以前的印度，依然只能依靠这一部书。

印度著名历史学家阿里说："没有玄奘的著作，重建印度史是完全不可能的。"

中世纪印度的历史曾经漆黑一片。玄奘几乎以一个人的努力，成为照亮印度史的一束耀眼的光。

他又以自身渊博的学识为根基，以胸怀天下苍生的宏愿，深入阐述了佛学的典籍，创立了大乘佛学"唯识宗"，度化世人。唯识宗条理严谨、分析周密，也是特别精深的佛学宗派。

他一走就走了19年，穿越高山大川，来回行程10万多里，归来后又枯坐19年翻译不辍。

他走了无数路，见了无数人，经历了无数事，但他的一生其实只做了一件事——求得人生真解，抵达自己的内心。

当生命终了，陌上花开，他终于可以缓缓归矣。

十

这些年来，陆陆续续地，当我差不多读了所有与他相关的传记、书籍，内心所受的震动与感染可说是如潮奔涌、似山高耸。

我也一直想写写他的精神，却一直无从下手。歌颂的声音已很多，朝圣者的神话也模糊了他的面容。

直到有一天，我才发现，用宗教来理解他，实在是有些模式化的浅薄了。

他不只属于宗教，他也不只是大唐高僧玄奘。

他也是一个作为普通人的青年，一个乱世与治世之交的读书人，一个家道中落的官宦子弟陈祎，他有普罗大众都有的喜怒哀愁。

他历经19年、来回行程几万里的矢志不渝，也应该从社会里一名普通人的角度去思考，去探究。

佛学是他的事业，求得真解是他毕生的宏愿，实际上，他也是一个赤手空拳的创业者。

他遭遇过无数危机，他凭什么一次次化险为夷？

他走入八百里莫贺延碛沙漠后不久打翻水袋，在经历短暂的沮丧、彷徨、返回后，他又义无反顾再次转身向沙漠深处挺进——这种行为，难道不是无数创业者艰难征程中一往无前、无惧无悔精神的缩影吗？

他孤身在沙漠跋涉四天五夜，终因缺水昏迷，不是很多创业者常常因资金链断裂倒下的写照吗？

所幸，多年的游历塑造了他体质，使他能在突然而至的阵阵凉风中重新苏醒，而那匹枣红色的瘦马竟然从沙漠凉风里嗅到了水源的气息，狂奔数里竟然找到了一片池塘，池水甘甜，清澈如镜。在缺水四天五夜昏迷后，他竟然会被一匹瘦马搭救，这不是很神奇吗？

的确，这看起来很神奇，但谁又能说上天不会眷顾那些一直坚持不懈的人呢？谁又不会在无数的危机中得到几次机遇呢？

事实上，他能够获此殊遇，也正是他自己努力的结果：他以他的学问、胸怀、慈悲感化了一个叫石槃陀的追随者，而石槃陀又特地带来了一位老者，牵来了这匹常年行走沙漠的识途老马，交换给了他。甚至后来石槃陀曾经想要背叛他，谋害他，也是在他的精神感召下幡然醒悟。

正是他自己的努力、自己种下的前因，获得了果报。

反过来，如果那一次他最终死于沙漠荒野，世上还会有他的故事、历史、成就吗？

毕竟，茫茫沙漠留下更多的是跋涉者的累累白骨，正如创业路上失败者远远多于抵达彼岸的。

风平浪静日子里，人们有时会学电影里的样子，说什么向死而生……但真到临近死亡时，又有几人能像玄奘那般宁可渴死沙漠、也绝不回头呢？

又有多少人可以不惶恐、不退缩呢？

须知，那可是魔鬼的坟场，不是从空调房里端出的一碗鸡汤。没有生的希望，向死走去？那又需要多大的勇气、多彻底放下的心气呢？

有多大的成就，就意味着有多大的牺牲。有多少人前的光芒，就有多少背后的彷徨。

以此说来，看似偶然的一切，其实都是公平的。

那些有志者，谁又能逃得过？

十一

一生之中，一定会有一次，是需要你以平生未见的毅力、去挑战自己那个天生软肋的时候。

它既不可能凭借聪明、机巧蒙混过去，也不可能通过放弃、逃避而能躲掉——假如是这样，有一天，它一定会重来。

只有咬牙打得通那一关，你才能实现生命的涅槃，才能看见一个全然焕新的你。

人们常说"人生没有迈不过去的坎"，这其实仅仅是一句安慰人的好话。事实是有无数的坎，有无数人一辈子也没迈过去。

一个人、一件事、一个公司、一个党、一个国家、一个民族，一定会有一道坎等在那边，而且每隔一个时期，几乎都会周期性地再重复一次。

从中国历史来说，南宋灭国后的中华文化、甲午战争一直到抗日战争时的中华民族、第五次反围剿失败的红军、"文化大革命后"的社会秩序，都遇到涅槃新生、还是就此沉沦的天大的"坎"。

传统上，人们会把它叫作"天数""劫数"。

是天数已尽，还是改天换地？其实全在一念之间。

这在一个人、一个企业身上也是一样。

比如1987年的任正非，他在国企被人坑了200万，在公司待不下去的他又要面对家庭变化，43岁的任正非上有父母要照顾、下有儿女要抚养，被迫开始创业；这样的"劫数"，还有被赶出董事会的乔布斯、被雅虎给出超低收购价而深感耻辱的Facebook，等等。

要是过不了生命中那个"劫数"会怎么样呢？抱歉，那你就节哀顺变、安于做一个凡夫俗子的命运吧。

尽管，那也不失为一种乖巧的选择。

蝴蝶飞不过沧海，但是其实这是一个比喻。在千百亿年的浩瀚宇宙寿命面前，在这据说曾经生活过1080亿人的地球上，我们谁不是那只蝴蝶呢？穷其一生，谁也没有可能飞过这个沧海。

但我们如果足够努力，就一定总会在流逝的时空中遇到一个幸运，从而留下我们的传奇、我们的精神、我们的热爱。

它们，将会代我们飞过"沧海"。

十二

我有一个兄弟，他大学刚毕业那会儿去杭州工作，高铁上同座的是一位去杭州灵隐寺的僧人，一路上两人就攀谈了起来。

僧人对他说，人呢，本是有许多瓣心的，人生之旅其实就是将这许多瓣心合为一颗的过程。

时光一晃而过，也不知这个僧人如何称呼、现居何处，我倒是想见他一面，问问他，假如他所说是真的，那么这一生的陌上花开，所谓缓缓归矣，是不是说人心终将回到最初那一个花骨朵时的模样呢？

最高配的带头大哥，
内心都住着一个孩子

一

秦之后，《资治通鉴》读起来就无趣了。因为舞台上的人物们都学会了现实。

人物一现实，故事的美感就没了。

二

而秦之前的人物，通常活得很有趣，很纯粹，甚至傻乎乎的很搞笑，五彩斑斓。

在这傻乎乎的有趣里，就藏着带头大哥的核心基因密码。

举个例子，比如你收到一封信，里面就一句话："你一年没什么成就，请速速自裁吧！"你会照办吗？显然不会。

但先秦的人物就会。

秦始皇病死旅途中后，赵高想让胡亥上位，就伙同李斯，冒用皇帝之名给作为秦帝国接班人的太子写了这样一封信。太子扶苏收到信后，嚎啕大哭一场，当即就抹了脖子。跟太子在一起的将军蒙恬呢？倒是思考了下人生，最后得出个好笑的结论，说我手握三十万大军足够造反了，但还是算了吧。然后就吃了长眠不醒药。

这两位大哥神经没问题吧？当然没有。他们那么做，是因为先秦人物的内心世界里，大多住着一颗星。

先秦的人物，似乎就是为心中那颗星活着的。

三

比如燕昭王。他拜乐毅为将，伐齐。有人打小报告说乐毅有问题，想在齐自立为王。

燕昭王怎么回应呢？开了个全体大会，先骂了句脏话，然后说我爹无能，把国家搞得烂，齐国很不是东西，趁乱害死先王。我日夜想的就是灭齐报仇，乐毅帮我办了这件大事，别说做齐王了，我还想和他分享燕国呢。

然后就把打小报告的人收拾了，封乐毅为齐王，兼燕国丞相。乐毅哪敢接受啊，一再声明只愿报答知遇之恩，誓死效忠燕国。

这是不是一个有趣的时代？读着读着，真叫人能愉快地大笑起来了。仿佛就跟小朋友似的，你帮我写作业，我帮你抵挡校霸。

这些人物，不由得你不喜欢。

他们似乎不懂得拐弯，心地澄明，就好像一辈子就为了一件事而来似的。而那件事，就是种植在他心底的一团火，一股子劲，一朵花。

这样的人物，活得干净利落。

当年荆轲刺秦，缺少接近秦王的见面礼，就跟一个叫樊於期的人说，秦王最恨你，如果我拿着你的脑袋去，秦王一定很高兴。樊於期说"好啊"，就把脑袋借给了荆轲。

还有个叫侯生的魏国人，为报答信陵君魏公子，在一次重大事件中出谋划策后对魏无忌说，我会算好日期，当公子到达目的地后，我就对着你的方向舍身赴难，为你送行。后来真就这么干了。

先秦的中国人物，像是有一种心灵上的丰足与骄傲似的。在那个华夏精神源头，平常生活里，社会精英群体最看重的是生而为人的尊严、独立与平等；等到危急猝然而来时，他们就用普遍的刚烈、侠武、轻生重义、恩怨分明去面对生命里的慷慨悲歌。

不要说管仲、鲍叔牙的知己知人、信义两全的家国友谊，也不要说"弃小义、雪大耻"伍子胥等这些贵族大丈夫了，就是像赵氏孤儿里那样壮烈的公孙杵臼、隐忍的程婴，魏公子门客里的屠夫朱亥，刺客里恩怨分明的豫让、刚烈的聂政与聂荣姐弟等等那些风尘儿女，也都活得是那样的伟岸，高洁，冠绝风华。

那时的中国人物，精神抖擞地来到世上，然后又精神抖擞地离开，仿佛不懂得世界上竟然还有精明、机巧、拐弯抹角、背信弃义、偷奸耍滑那样的宵小事理，更不要说中晚期帝国里的那些狡猾、虚伪与苟且。

无论知识精英，还是江湖儿女，先秦人物内心的那朵花都灿烂得那样无人能敌。

难怪东方所有的哲学思想，源头都在先秦。

难怪管子、孔子、孟子、荀子、老子、庄子、墨子、韩非子、孙子等一大批灿烂群星都事先约好似的，齐刷刷地生长在那个时代。

在自由生长的大地上，心思纯粹的人物，所见当然天开云阔，气象万千。

四

后来的两千多年，十几个帝国朝代，出了多少思想呢？继承与发挥的思想者有一些，开天辟地、独树一帜的一代宗师很少很少。

为什么呢？

因为先秦之后的人物在帝国的高压之下，大多都世故了，机巧了，周全了，精于权衡计较了，而一旦有了这种个人现实利益的计算与束缚，想要创造出划时代的思想就十分困难了，正所谓"嗜欲深者天机浅"。

我们只要看看先秦之后的社会，就会发现人们固然是越来越精明，但是那种人格尊严独立于天地之间的精神气质却越来越稀有了，那种"三杯吐然诺，五岳倒为轻"的磊落胸襟、豪迈气度也越来越少。

先秦之后，汉朝前期社会繁荣，汉武帝时功业雄迈，但真正具有独创性的大思想家并没有；初唐气象开阔，诗歌荟萃，人们热烈追求功业，但在思想上并无值得称道的地方；北宋重文抑武，在吏治与军事制度设计上又不惜扩编冗员以便大臣们处处相互牵制，因此两宋始终笼罩在文弱的社会情绪之下，王朝偏居一隅，不过好在北宋前期商品经济、文化创造都达到了相当高的程度，对待士人阶层还算宽容，"程朱理学"也在此期间形成，不过它虽然创立了庞大的理论系统，但主要还是对汉代董仲舒"天人感应"儒学的拨乱反正，大体上还是重新回到了孔孟"心性论"的正统路子上，具体内容则趋向纲常名教的这种"天理"，真正的思想创新也谈不上……至于中间的三国两晋、南北朝、五代十国时期，则主要是混乱时期。

可以说，先秦之后的帝国社会已逐渐失去了华夏民族早期的那种清澈、纯粹、奔放、高洁、伟岸等气质。

在政治文化上，帝国是越来越趋于专制、霸道、高压与僵化；在社会生活中，社会精英们则趋于机巧、狡猾、言行分裂与顺从、阿谀、奴化。人与人之间也不再忠于承诺，是否守信常常根据自身实际利益而定。

远一点的年代如三国，一部《三国演义》后人看得津津有味，然而仔细一想，它简直就是各种阴谋诡计的大荟萃，信用形同虚设。比如司马懿伪装了大半生，终于搞走了他老板的江山，这种狡诈行为居然被后人当作高明谋略而受膜拜——虽然彼时的天下原是"汉家城池"，袁、曹、刘、孙、司马大家夺来夺取本无分别。

近一点的年代如明王朝，那真是一个充满戾气的朝代。朱元璋坐稳江山之后，他在极度狭隘与专制的思想作祟之下，在现实权力层面，他几乎将一同打江山的所有开国元勋都诛杀殆尽；在理论文化层面，朱元璋不但删掉了《孟子》中的"民为贵，社稷次之，君为轻"等章句，甚至昭告天下说孟子不少言论"非臣子所宜言"，下令将孟子逐出文庙，朱元璋甚至恶狠狠地说孟子"使此老在今日宁得免耶！"就是说，在朱元璋眼里，如果孟子活在大明，那是该杀的。这种酷烈专制的言行嘴脸，实已黑暗到了与地痞恶霸无异。

朱家王朝的历任帝王不但视大臣如奴仆，大行锦衣卫特务制度，且在朝堂之上对大臣也是说打就打，说杀就杀，士人阶层毫无人格尊严可言。大臣与士人之间也是戾气横生，文官朝堂议政时都能说着说着就彼此厮打起来，整个社会都非常压抑、憋闷。

当然这种社会空气的形成，既与明朝开创者朱元璋自私狭隘的流氓心态有关，也与帝国社会越来越走向严密的独裁大趋势分不开。

五

先秦之后的帝国社会为什么会变成这样？

对于这种情形，作为大明遗民的黄宗羲看得非常透彻。黄宗羲在《明夷待访录》一书中说："三代"时的君主整天劳心劳力却享受不到多少好处，所以尧舜都愿意禅让给贤能的人，像许由、务光为了逃避天子之位就隐居了起来，那时的君主与臣民在人格上是平等的。

夏、商、周这三代社会属于早期的奴隶制社会，是比春秋战国更遥远的先秦，很多事迹杳不可考，真实性也仅仅是见于史书与传说，黄宗羲所言肯定有不少想象与美化的成分。但即便以想象中的"三代"作为佐证批判专制的论据，黄宗羲对于秦汉以后帝国社会本身的概括却说得一点也没错。

黄宗羲就说"三代"时的君主与大臣殚精竭虑，都是为天下人去服务的，他们所以有君臣名分的区别，只不过是由于辛苦的程度不同罢了。君主与大臣一起治理天下，就好像一起合力拖拽大木料，肩负的责任是共同的，他们因为各自都有对自我的期许而一起合作，他们是可以一起牺牲的，大臣也把自己看作君主的老师或朋友。

后来的君主，却将天下看作他的私人家产，将人民看作他的奴才，任由他穷奢极欲，为所欲为，盘剥天下百姓好像主人家宰杀鸡鸭一样随意，认为那不过是他产业的利息而已；而做臣子的人则自觉地把自己看成君主的奴婢，哪里还敢有与君主对等的尊严可言呢？

所以，秦汉帝国以来，伴随着帝王的权力越来越严密、专制与凝固的，是人们的精神与尊严也被逐渐驯化到尘埃里去了。

与这种情形相匹配的，人性中的纯粹、真实、自由、奔放当然就都成了世间稀有品，而独立思考几乎就已经是"离经叛道""大逆不道"的代名词了。

这种情形之下，独立思想又从何而来呢？

六

独立的思想，是要有活泼的社会环境才能孕育的。

但是在古代中国几千年历史中，我们却分明看到独立思想赖以生存的外部社会环境每况愈下：

先秦时代的士人，在精神上仍然是自由的。春秋战国时的社会精英仍然怀有一种"合则约见、不合则去"的独立精神，他们与君主王侯仍然是具有老师身份的合伙人关系。例如管子、李悝、商鞅等这些人都具有君主合伙人的实际身份，即使是孔子、孟子、墨子这些不怎么得志的社会精英，也仍然是以老师、先生的身份去与诸侯君主们交往的。

秦汉以后的帝国社会怎么样呢？黄宗羲说，在古时，君臣之间的礼节是"臣拜，君必答拜"，你下拜，我也下拜，大家是平等的关系；但"秦汉以后，废而不讲"，这些君臣之间对等的礼节到了秦汉以后就没有了；虽然如此，在秦汉那个时候，"丞相进，天子御座而起，在舆而下"，帝王仍然要起身迎接丞相的，如果是坐在车上，也要下车接见……不过，所有这些，等到朱元璋废除宰相之职后，剩下的也就只有一个帝王独裁了。

张宏杰先生的研究也发现，士人的人格与尊严有一步步向下沉沦的历史趋势：秦汉帝国时期，相国们已经不具备类似管子等人的那种师长待遇了，但是君主们仍然不敢怠慢，见到他们是需要起身欢迎的；从东汉至北宋初期，宰相尊严又有下降，但仍然可以与帝王坐而论道，大体还保持着些许精神与身份上的平等地位。

其后情形就是越来越沦丧了：大臣们先是在帝王面前只能站着说话，发展到明清时期就差不多是毫无尊严可言的奴才了——这就是我们常常在影视中看到的那样，跟皇帝说话不但需要跪着、不能对视甚至不能抬头之外，还言必称"主子、奴才"，还奢谈什么个人尊严、妄想什么人格的独立与平等呢？只不过是个屈膝卑言、胆战心惊的犬马而已。

有趣的是，这种现象也被一代"大侠"金庸所洞悉。我记得曾看过一篇分析丐帮堕落的文章，说发现金庸小说中丐帮帮主的人格尊严一代比一代差。其实何止是一个丐帮啊？深受传统文化浸染的金庸，他所塑造的"侠客们"其实是儒家知识分子的江湖替身，侠客们所捍卫的"江湖信条"其实就是知识分子践行的"儒家道统"的江湖版。

那么，金庸小说中侠客的人格精神是如何一路演变的呢？

你看金庸小说中早期的那些侠客们，他们都是天外飞仙一般的人物，来去自由，精神独立，视朝廷与官府为无物，例如两宋时期的乔峰、萧远山、黄药师、洪七公、杨过等等；可是等写到明初与清初时期的张无忌、武当七侠、丁典、胡斐、苗人凤等大侠时，他们就开始逐渐受制于朝廷，不得不为个人自由去抗争了；然后逐渐发展到清代中期的张召重、王维扬这些高手委身于朝廷听差，讨好朝廷大内总管了……最后发展到了什么一种情形呢？

最后是韦小宝完全就以一种"奴才"身份在朝廷与江湖之间尔虞我诈、左右逢源，视个人人格独立与尊严为无物，一切都变成了可以利用的筹码。

这很有趣，但却一点也让人笑不出来。

因为小说描绘的情形正是匹配了客观的历史现实，二者演变轨迹是一致的。

这也是为什么"唤醒民众""国民性改造"一直是近代中国革命核心主题的原因所在，那是要唤醒沉睡了几千年的独立人格、自由心灵与平等尊严啊，是要激发与革新人们慷慨奔放的热血精神啊。

梁启超写《少年中国说》，为什么要说"今日之责任全在我少年"呢？为什么祈盼未来中国可以像少年一样"红日初升，其道大光""河出伏流，一泻汪洋"呢？因为唯有少年的赤子之心尚未沾染上坏的气性，还可以从纯粹无暇之初开始抖擞精神。在梁启超看来，只有少年那样勃发气魄才是中国人的心灵源头，恰如"潜龙腾渊""乳虎啸谷""鹰隼试翼""奇花初胎"，那正是对中国人身上最初的那些奔放、刚烈、豪迈、清澈、慷慨激昂气质的由衷遥望与呼唤。

身在老旧中国的梁启超已经知道，在那种专制独裁的老大帝国，在那种奴化与愚化民众的囚笼社会，已经无法发育新世界了。

七

缺少了独立人格与自由心灵，帝国社会想要思想创新就如同缘木求鱼。

所以，我们就看到了这样的现实：

在政治与军事领域，历朝历代多多少少总有一些杰出人物出现。汉代有萧何、张良、韩信、周亚夫、卫青、霍去病、李广、班超，唐代有魏征、房玄龄、杜如晦、李靖等等，那些光芒四射的政治与军事精英群体就不必说了；即使是在平庸一点的宋朝、明朝也不乏其人，例如寇准、范仲淹、王安石、岳飞、张居正、戚继光、俞大猷等等；就算是那些乱世之秋，也有曹操、诸葛亮、曾国藩、胡林翼、左宗棠等不少明星级人物出现。

可是在思想创新领域呢？如果我们去搜索先秦之后有哪些独立大思想家的话，就会失望地发现：与先秦时群星璀璨的盛况正好相反，秦汉帝国以后真正能够独树一帜的大思想家很少很少，几乎就再也没有出现过先秦诸子那种具有划时代影响力的、开天辟地的大宗师。

在很少很少的人之中，王阳明或许勉强算一个。

王阳明怎么会出现的呢？因为他九死一生，抛掉了人间所有羁绊，最后在龙场悟道的百般磨练中，终于万物尽除，只有一点意念升起，见到了心头的明月。而他的哲学，便叫作"心学"，成为宋明理学的一株奇葩。

外在无物的人，才能见到内在通明的心。

大明王朝的覆亡也催生出了黄宗羲、顾炎武、王夫之等少数几个独立思考者。他们虽然还算不上具有独创思想的宗师级人物，但那也已经算是人世间难得一见的几个赤子了吧。

他们又是如何出现的呢？

首先是他们终身不仕于皇帝家的决绝心性，以一种前所未有的人为意志切断了可能让他们精神上奴仆化沦陷的外部土壤环境。

要做到这一点是非常艰难的。

一方面，古代帝国社会鄙视经商，知识精英如果不做官，那么不但毕生理想抱负如梦幻泡影，而且那很大可能意味着他本人及其家庭的生存都要成问题；另一方面，作为帝国的奴才，你要是胆敢拒绝入朝为官的话，那是要冒很大的生命危险的，帝国可能因此就要了你的命，比如朱元璋就认为儒生拒绝服务朝廷是大逆不道，他就以这个理由杀了好几个想遁入山林做隐士的读书人。

另一方面，是由明入清的时代巨变过程与过往的改朝换代历史事件性质不同。八旗铁骑的异族入侵，"扬州十日""嘉定三屠"的血腥屠杀，"留发不留头"的残忍、羞辱与精神上的压迫，这些都在当时知识精英心灵中引发了山呼海啸。由此，作为大明遗民的一些知识精英，他们思考的便已经不再是一家一姓的王朝政权更替，而是怀着"亡天下"之痛，深入反思为什么他们曾经引以为傲的儒家王道乐土会沦亡于化外之地的蛮夷呢？他们痛定思痛，终于从专为君主服务的臣民奴仆身份中走出，从科举入仕的定式思维中走出，心灵之中绽放出天开云阔的气象，在人格上重新获得了自由、独立与平等。

当他们有了这样的心境投身于思考人间世事时，也就解释了为什么他们倡导的"经世致用"实学能够影响到近现代许多历史风云人物了，甚至直到今天。

在明末清初这几个人间赤子身上，在他们心思纯粹的求索中，你是不是能隐隐看见一些春秋时代士人心灵中的那种情感、那团火、那朵花的影子呢？

八

《论语·先进》里有一段有趣的对话。

话说子路、曾皙、冉有、公西华等几个人陪坐在孔子身边，孔子就说都不要拘谨啊同学们，说说看，大伙儿心里都藏着什么志向呢？

大家于是就逐一表态：子路自豪地说他能治理千乘之国，冉求谦虚地说他能治理小一些的国家，公西华则露怯地说他可以做个小司仪。

然后曾皙怎么说呢？曾皙正在弹瑟，这时瑟声渐疏，然后铿的一声停了下来，曾皙就推开瑟站了起来，说道："莫春者，春服既成，冠者五六人，童子六七人，浴乎沂，风乎舞雩，咏而归。"

原来曾皙的志向啊，却是在暮春时节，穿上春装，和五六个人同行，带着六七个小孩，在沂河水里洗洗，在舞雩台上迎着风吹一吹，然后就唱着歌回家去了。

这叫什么志向啊？简直是不思进取嘛。

谁知道孔子听了却长叹了一声，说我老孔是特别赞赏曾皙同学的这个志向啊。

孔子到底欣赏曾皙同学什么呢？自古以来有许许多多学者进行过不同解释，一般来说，这段对话是由此看出了孔子追求"礼乐"治国、恢复周礼秩序的人生理想，也就是他从曾皙描述的情形中看见了一个其乐融融的理想国的影子。宋朝朱熹更是解释为"孔子与点，盖与圣人之志同，便是尧舜气象也"，认为曾皙的志向接近于尧舜那样的圣人，境界拔得很高。前一种应该是正解，朱熹的解释也符合逻辑。

但我却宁愿对它做另外一种理解。我想用《论语·为政》里几句话来诠释它，那就是孔子自己说的"诗三百，一言以蔽之，曰思无邪。"《诗经》三百篇啊，一句话，不过就是真挚情感的自然流露、保持无邪的赤子之心而已呀。

孔子推崇《诗经》。如果你认真翻翻《诗经》，你就会发现它到处洋溢着自然、奔放、纯粹的人格天性。《诗经》风、雅、颂，我们不用去看周天子与诸侯往来的"雅"，也不用去看那些用于宗庙祭祀的"颂"，单看超过一半篇幅的、反映各个诸侯国劳动人民生活的"风"，你会发现那些歌唱的内容是那样的质朴，语言是那样的热烈，自然情感是那样的清澈，全都是从心里流淌出来的，不矫，不饰。

比如："日居月诸，照临下土。胡能有定？宁不我顾"（日月的光辉洒落大地上，你什么时候能有个准信想起我）；"雝雝鸣雁，旭日始旦。士如归妻，迨冰未泮"（大雁的歌声中，天已亮了，要是等到河水结冰了，别想再娶我）；"静女其姝，俟我于城隅。爱而不见，搔首踟蹰"（不爱说话的美丽姑娘啊，躲到城角等我。找你又找不到，急得我团团转）；"既见君子，云胡不喜"（见到了他，心里怎么能不高兴呢？）……

你看这些歌声里，那种精神之中的明亮，那种自然流淌的真挚情感，真的就如同那高天的飞鸟、山谷里烂漫的花，绚烂多姿，无遮无瑕，是可以与日月大地齐美的。

这种烂漫无瑕的精神生于天地之间，正如春天里萌生的万物，当东风吹过，满树花放，热烈而清明；又如盛夏里潺潺流过溪涧、冲峰直下的壮阔瀑布；或者是雪莲生于高山，一朵朵洁身自好，迎寒独立，而当他们凋谢时，又像是萧索季节里的白杨，寂然无声。

正因为如此，自然的真情流露，纯粹的赤子之心，思无邪，它们被孔子列为"为政"的必要条件就可以理解了。

"为政"，今天我们既可以把它理解成社会治理，也可以把它理解成企业管理，或教育、科研、医疗、公检法、交通、乡村发展等等为人民服务的工作，孔子说做这些事首先要"思无邪"。

如果是这样，那么曾皙向往在暮春时节、沐浴着春风、唱着歌回家的心境，那种人世间美好的生命状态，难道不可以理解成对最初自然人性的向往吗？它不是正好折射出了人们心灵的自由、清澈与纯粹吗？

这种精神上的赤子状态极为珍贵，但却极难在复杂世事中保持。

若能保有这种心境，我想它足以成为做任何事业的最高境界。这大概也是今天为什么从庙堂之高到江湖之远都喜欢说"初心"的原因所在了吧？

可是很多时候，当走了很远之后，当一个人拥有了丰盛物质或显赫权势之后，却往往容易忘了当初其实只是想像孩子一样享受暮春自由的暖风，只是想咏唱着春天的歌声回家。

秦帝国的丞相李斯临到被处死前说："吾欲与若复牵黄犬，俱出上蔡东门逐狡兔，岂可得乎？"他忽然大彻大悟，还想与他的小儿子再去牵上黄狗，一起出门去郊外追逐野兔，还怎么可能呢？纵然听者为之伤感落泪，那也已经没有回头路可走了。

常常是这样，在历经山重水复之后，还有多少人还能在精神上保留着赤子一般清澈与炽热境界呢？还有多少人能拥有像《诗经》里那些无遮无瑕的无邪呢？还有多少人能拒绝权势唯我独尊、财富任我挥霍带来的愉悦与诱惑呢？

九

历来中国社会精英追求的最高理想，都是立德、立功、立言。

"立德"，古人对此注释说是要"创制垂法，博施济众，惠泽被于无穷"。

这种要求放到现代社会，大概就是指为人民大众的根本利益而创建一种社会制度、行业制度、企业制度了，这个对一般人来说当然就难度太大了。有没有普遍可行的"立德"呢？大约是在自己专业领域做个好的榜样模范，通俗点大概就是类似于央视"感动中国"颁奖典礼上的那些人。

"立功"，就是建立功业，解决了重大社会问题，在事业与工作中做出极为了不起的实际成就，对社会发展、人民生活有重大贡献，按照古人的说法是要"拯厄除难，功济于时"。

这放到现代中国，大概就体现在为了民族与人民的大利益而矢志不渝奋斗，并创造出了杰出成果，例如核心科技研发、军功、文化创造、教育、工业制造、社会治理、企业经营、医疗与抗疫、环境保护，等等。

"立言"呢？古人的标准叫作"言得其要，理足可传"。

这在现代社会就更广泛了，就是你追求真理，发现了事物的某些规律，或是有某些很有价值的心得体会，同时你也传播这些发现，这在基础科学、理论、言论、出版、媒体等行业都可以努力创作有社会价值的内容去兑现。

古代社会精英们要想实践"立德、立功、立言"儒家理想，除了投身朝廷政治、军事拓边或卫戍之外，就只有在思想上开宗立派了。而今日现代社会的发达程度远超古代社会，现代精英们施展平生抱负的平台也极为广泛，立德、立功、立言都有不计其数的产学研、公务职位、企事业单位、工农林牧、服务业等等众多领域可供选择。

摆脱了秦汉帝国以来权力专制与奴役的现代中国人，从帝国社会三纲五常思想囚笼中解放出来现代中国人，毫无疑问应该重新焕发出先祖基因中的那些纯粹、奔放、自由、明亮、清澈的人格气质，毫无疑问应该在现代社会的立德、立功、立言的广阔世界中做得远比古人更好，毫无疑问应该在物质与思想的探索、创新、创造方面拥抱那浩瀚的星辰大海，毫无疑问应该以昂然于天地的中华生命精神再次绽放于世界之上。

今天，做一个成功的社会精英也许不难，做一个精神纯粹的真正带头大哥却不可多得：他的术，可能不得不犀利；他的手段，可能不得不霹雳；他的耐性，可能不得不坚韧……但最可贵的是在他心底深处要住着一个孩子，纯粹的，性情的，认真的，淘气的，都行。

只要历经了寒霜与炽热、去除所有入世的盔甲后，仍然还天真如赤子，就好。

担负自己的责任，践行自己的理想，若等到有一天智慧、勇气、能力、体力都不能再胜任，那就让贤于他人；若仍有余力，那就以余热惠及社会、点亮他人心灵，这不就好比是当初曾皙想在暮春时节带着一群孩子唱着歌回家的情形吗？

每一个生长着这般情思的生命，我都愿意相信他是晨曦里一缕照耀山河大地的霞光，它是独立的人格，它是自由的心灵，它是明亮的情感，它是不受于外物的奔放精神。

它是映照人间的皎皎明月光。

内功

THE INTERNAL

建立自己的内容体系

若没有自己的体系，
听再多金句也难成第一流

在这个自媒体、文字、视频、语音、课堂、社群特别发达的时代，几乎是每一周、每一月、每个年终都会有各种潮流的大型分享会出现，网络达人们的热辣妙语似乎总能那么令人信服地打动你的心坎。

看起来，它们每一句、每一段、每一章、每一回都有道理、有思想、有启发、有价值。

因此你应该诚心诚意地感谢那些网络达人，他们的确很用功、很用心、很有见地地链接起了很多潮流事物与内容，而且听起来也很精彩。

但是，如果你不能做到"以下"这个基本原则的话，那么你所有接受到的"以上"这一切就足以淹没了你。

这个基本原则就是：在你或者年轻、或者不再年轻的人生岁月里，你必须一步一步地在自己的大脑中与心灵里逐渐建构起一个基本的思想体系，并衍化出一个能够决定自己行为的方法论。

而他人所有的金句银句铜句铁句，全部都理应"沦为"你这个体系与方法论之下的有益的营养与细节补充，或者是反面论证。

若非如此，你的人生、事业、学问就将无法达到第一流的境界。

举几个例子来佐证一下吧：

一

"中心城市论"曾是俄国革命的金句。如你所知，中国的几位早期沿用者在残酷现实面前遭遇了巨大挫败。

最终完成了历史使命的，是一种能够适合当时中国客观历史与现实的自我体系与方法论："农村包围城市"的土地革命思想。

二

"计划经济"也曾是金句。如你所知，后来它并没有被20世纪80年代初的中国沿用。

面对当时世界不断发展变化的客观现实，"社会主义市场经济体制"这种新的理论体系与方法论被创造出来了：实事求是、不争论、发展是硬道理、摸着石头过河、抓到老鼠就是好猫……这些来自于实践的方法，这些通俗易懂的发展经济的方法论，既直接改变了中国，也间接改变了世界。

三

在看到了并尝到了市场作用的甜头后，很多经济学家于是就有了一种"纯粹市场决定论"的流行看法。

市场作为主体,当然决定了大部分交易行为与价格、供给、消费,这个千万不必质疑,也绝不可能走回头路。但"市场"就是最底层的逻辑了吗?美国发起的中美贸易战、科技战、孟晚舟案等一系列赤裸裸的胁迫,响亮地打了"纯粹市场决定论"者一记耳光,惊醒了我们。

在国际市场经济中,类似这样露骨的非市场行为,也包括1985年美国逼迫日本签下的"广场协议"。

原来,如果没有强大的国家主权与实力做背书,"纯粹市场与自由贸易"就只能是高阶生物设计好的低阶生物链。如果你试图脱离低附加值的全球产业分工,想着进一步向上游发展,跟他们在高端产品上进行"纯粹市场竞争"与"自由贸易",那人家就立马翻脸了。

美国丛林逻辑下的霸权主义现实行径表明,只有在不影响核心利益的条件下,才有相对自由的国际市场。

国际市场并没有那么"纯粹"。如果是纯粹靠自由市场,美国凭什么要限制芯片对华出口、限制华为5G进入美国市场发展呢?这时候,自由市场经济的理论又在哪里呢?如果是纯粹靠自由市场,我国也不会有人修那些西部边疆的高铁与高速公路,因为很明显,其中不少线路缺乏纸面上的明显盈利逻辑;也不会有人建北斗导航,因为很明显,在GPS已经占有全球大部分移动终端的情况下,再建一个新的导航系统投入既高,关联产业开发及盈利周期又漫长,如果就市场论市场的话,看起来似乎很不合算,否则日韩为什么不搞呢?

类似这些事情就在眼前发生着,"纯粹市场决定论"解释不了它们。

资本或许可以没有祖国,自由的国际市场经济背后却必须有国家主权与实力做背书。

四

美国的一切都来源于欧洲:信仰来源于欧洲的宗教改革后的基督教;逐渐形成的政府架构是约翰·洛克《政府论》的呈现。

但真正建构起为美国未来的,却是脱胎于英国新教体系的清教精神,而国家的治理核心则是在茫茫大海中的"五月花号"船上通过自治公约草稿确立的。

清教徒领袖布鲁斯特、布拉德福德等人于 1620 年 11 月推动起草的"五月花公约",甚至比英国的"光荣革命"还早 70 年,更是比法国的大革命早 170 年,即使是比后来被视为普世价值的卢梭的《社会契约论》都还早 140 年。

就在欧洲大陆还争执于教会内部腐败、徘徊于宗教信仰与世俗政治二元对立的摇摆阶段时,清教徒们已经以超越了政教合一、政教分离这种非此即彼的矛盾关系,开始在北美大陆探索建立所谓基于他们与上帝之间契约的"山巅之城"社会实验。

美国若是完全照搬母国英格兰的君主立宪"金句"、按其方法论行动,那它就未必能有后来那样耀眼的成就了。

五

美国的体系与方法论也有了大批沿用者。那么在美国的政治金句面前,那些沿用者都取得大成功了吗?

杨光斌教授曾经在一篇文章有过一个分析,他发现二战后在新兴的、沿用美国体系与方法论的150个国家中,真正走向发达国家的其实也并不太多。

大部分发达国家,例如西欧、北欧、加拿大、日本、澳大利亚等国,其实都是在"二战"之前本来就已经是发达国家了,而他们走向发达的途径也不尽相同:既有英国较为平和的"光荣革命",法国的暴力大革命,也有德国俾斯麦的"铁血"政策等等,不一而足。

二战后,除了韩国、新加坡、中国台湾地区等少数一些儒家文化圈的国家与地区之外,其他比如说拉丁美洲、南亚、东南亚、中亚、非洲等战后新兴的大部分国家,也并没有因为沿用美国式体系而发达起来。

模式与制度作为一种治理方式,都是属于穿在脚上的鞋,穿上这鞋是否能带你跑赢未来,最关键的还是看它是否建立在你自身内容体系的基础之上。

不论西方,还是东方,没有任何一家模式是能够保证你一直繁荣发达的,而是他们都有自己的内容体系与方法论。

遍观世界上那些欠发达国家,确实没发现能有几家具备独属于它们自己的体系与方法论的。

这就好比你听了再多大神的演讲、道理与金句,看再多的时髦成功学，沿用他们的内容体系与方法论，其实你也没有多少几率能够收获他们一样的成就。

事实上，对于一个还缺乏自己基础内容的人来说，那些美好动听的金句对于你来说价值并不大。

六

在诺基亚、爱立信、摩托罗拉等按键手机所统治的金灿灿的市场面前，没有追随它们体系的是谁呢？

是最终拥有自己思想体系与方法论的苹果手机建立了新世界，并取代了它们。

七

王安石失败了。败得很惨。

本来没有王安石变法，北宋还能撑下去一大段时间。但是因为王安石变法，北宋反而加速提前"驾崩"。与王安石联手变法的是宋神宗，宋神宗的儿子是宋徽宗，孙子是宋钦宗，两者都被金人掳到寒苦之地当奴隶去了。

王安石为什么失败？史学家分析了一大堆，当然有他们的道理，这也不必去多说了。当然了，历来都是革命的成功率相对好一点，改革的成功率相对就低很多，除了王安石，历史上的王莽改革、张居正改革也都失败了。这个没有办法的，与革命相比，改革天生就是容易失败。

具体到王安石身上，我还是可以有一点自己的大历史观察的。王安石个人道德没问题，也没有个人私心私利，他和宋神宗的改革决心都很大，同时还特别用功、特别努力。但是很可惜，在最关键的底层逻辑上，王安石至多算作二流思维，志大而才疏，食古而不化。

以大历史的眼光来探究，王安石的变法其实学的是两个人：商鞅与管仲。这两人都是很厉害的，"变法"也都是相当的成功。两人也各有一套自己的体系与方法论。

先说商鞅。商鞅是"战时管控体系"，这种体系与方法，后来在二战的时候斯大林也略有近似地用过。其核心是一切都以战时为标准，国内的人民被编制、被组织到每一个个体的人，经济也以战时管控为核心：前者是耕战管控，斯大林则是战时生产与分配制度。

管仲呢？我读《管子》也用了点儿功夫，从内心来说，我喜欢管仲远胜于商鞅。商鞅是硬来，管仲是软施。前者是霸道，后者是王道。在春秋战国那样的年代，管仲搞的其实就是国家资本主义+自由贸易。他就把盐啊铁啊等物资作为国家资源，实行专卖；又把粮食啊玉璧啊等隐形货币物质当作贸易工具，搞得国家财富大丰收，把一个东部盐碱地的齐国搞成了春秋五霸之首。而他本人的这套方法也成了后世学习的榜样。

能在春秋那个时代就想出这样的体系、方法论，那实在是高明得很。所以孔子就很仰慕管仲，就说如果没有管仲这个牛人啊，我们这些家伙都还是些赤膊纹脸的野人呢！诸葛亮年轻时也常常以管仲为偶像，自我期许。

我不知道王安石有没有逻辑推导过，但想来他在心里或许多少是这样想过：既然商鞅是牛人、管仲是牛人，如果集两大牛人为一体的话，那我王安石岂不是就成了超级大牛了吗？因此王安石就跟宋神宗很专心地将"三顾茅庐""隆中对"的话剧又复习了一遍，这两个主角都特别地入戏。

于是在公元1068年，大宋的熙宁元年四月，话剧就这样开始了。

"你认为唐太宗如何？"宋神宗一脸痴迷地说。

"陛下！"王安石却一脸不屑地回答道，"您学什么李世民啊？要学就学个大的，您应该以尧舜为表率。"

"哎呀，安石！你对我期望真是太高了，我可没有你想得那么美好啊！"宋神宗的脸红了，小半因为是谦虚的害羞，大半却是因为兴奋。

连李世民都不在话下，直接对标尧舜。对于一个刚刚即位的、年仅20岁、正想挽起袖子大干一场的大宋董事长来说，难道还有比这更迷人的未来场景设想吗？朕 All in 了。

"坐下，"像无数童话里曾经的圣君一样，宋神宗屏退了左右，然后说，"我要和你长谈一番，"接着他就讲起了刘备与诸葛亮相识、相知、相互成就的传说。

王安石又不高兴了。

"在上等人才眼中，诸葛亮根本不值一提，"王安石说："当代就有人才可比尧舜时的贤臣，只是因为小人阻碍而无处施展罢了。"

"每一个朝代都有奸佞小人嘛，"宋神宗再次激动起来，又很贴心地安慰道。

（以上对话原文摘录自林语堂的《苏东坡传》，本文稍微变化了对话方式。）

那么谁是小人呢？不言而喻，就是反对王安石变法的司马光，欧阳修，苏洵、苏辙、苏轼三父子，以及宰相韩琦、富弼等人，甚至也包括王安石两个亲弟弟王安国、王安礼。

上学时，历史书上说这些人都属于"保守派"，但我后来却明白历史书才是"激进的左派"。要让这么多历经风雨的、正直大臣不约而同地齐心反对一个人，实非无缘无故。正如苏洵、吴珪预测的那样，将来搞垮大宋的必定是王安石。

他们这些人仅仅根据常识经验，就知道王安石的方法不可行。

王安石像管仲以盐铁专卖、以粮食与玉璧为贸易工具一样，搞出了国营贸易局（均输法）、国营零售店管理局（市易法）、农民贷款制度（青苗法）；又像商鞅的连坐制一样，搞出了十户人家一组的征兵制度（保甲法）、土地与马匹登记制度（方田军税法、保马法）……合两个大牛的体系与方法论为一，想必成果肯定是两个大牛的倍数了吧？

我相信王安石私下大概这样憧憬过。

然而很可惜，朝廷接手全国贸易的结果，是市场企业马上瘫痪，大批小商人失业了，而官僚经营贸易的结果就是赔钱、腐败；青苗法更惨，农民为了躲避强迫贷款，只好全家逃亡，监狱人满为患……

从根本上说，王安石是把商鞅、管仲两人的金句读得多了，而没有洞察到大宋社会所面临的整个时代环境已经大非春秋战国时可比。时与势都不同了，体系与方法论当然也不可能一样。

最最根本的，其实是在底层逻辑上，王安石并没有属于他自己的体系与方法论。他只不过是古老金句的沿用者罢了。

正因为如此，不改革，大宋王朝固然是危机重重。

但不懂得如何改革，机械模仿古人，大宋却会死得更快。

八

所以齐白石才说："像我者死，学我者生。"

九

孟子说："尽信书，不如无书。"

我私下里跟朋友说，如果一个人还没有自己的根基，如果他还没有弄清楚适合他的本源，就四处跑去尽听潮人分享，忙前忙后地今天学这个，明天学那个，后天又不知学哪种时髦潮流，总觉得有个终南捷径可以帮助自己迅速迈向人生的巅峰，事实究竟如何呢？

只能说，他危矣。

而凡是那些搞清楚了自己本源、并且能够长期坚持并进化自己体系与方法论的呢？大量政界商界的事实证明，其结果一般都不会差到哪里去。

有没有自己的体系与方法论，一步之差，天差地别。

任何一个体系与方法论，都没有捷径可取巧，都必须老老实实地从基本功里辛苦练就，必须从弄清楚自己本源是什么开始，必须从掌握基本知识、常识与客观规律出发，必须从实践与思考相互交错的实事求是里求索,必须从交织着成败得失的征途中验证,必须从一次又一次的总结与革变中创造。

  体系就是基本功。所谓大巧若拙,练好基本功才是最高明的功夫。一个人若没有自己的体系,却热衷到处逐潮流、赶时髦、学金句,那都是舍本逐末啊。

若没有自己的内容，
碰上再多机遇也把握不了

许多站在时代潮流浪尖的人会谦虚地说，哪里是我能力强啊，只不过我运气好一点，侥幸抓住了机遇；又有许多时代落伍者懊恼地说，运气实在是太背了，总是赶不上机会，都叫别人抢在了前头。

相信这样的情形，你一定也曾见到过。

但事实真如那些或谦虚的、或懊恼的人说得那样吗？

其实无论是身处四海升平之际，还是在乱世之秋，每一个时代总会有一些来来去去的潮流、趋势、机遇。在今天这个变化风起云涌又如此之快的大时代，机遇相对于每一个人都可以说是层出不穷。但正如你见到的那样，总是有些人能抓住机遇顺势而起，又总是有些人一次次面对机遇白白流逝而空自叹息。

时代产生的机遇是无限的，但对每一个生命不过百年的人来说，机遇的数量又是有限的。在人生机遇总量大概恒定的情况下，想要把握住它们中的一个或多个，那你就必须弄清楚什么是可变量。

变量是什么呢？虽然无法精确，但大概来说，变量无外乎三种：你生在何时代，你身在何地，你又是什么样的人。

生在何时代，比如说你是生活在 19 世纪末，还是如今的 21 世纪上半叶，你的机遇是不一样的；身在何地，比如说你生活在南美洲还是中国、东欧还是西欧、四五线城市还是北上广深，你的机遇也都是不一样的……如果再用"时代变量"乘以"地域变量"，那得到的总变量就更是多得多了。

生活在何时，你肯定无法决定；一般情况下，想要决定生活在何地也有难度，毕竟更换生活城市或移民也不是那么简单的事情。

所以，在三种变量中，你最有可能决定的变量是：你是什么样的人。

也就是说，在你可控范围内，"你是什么样的人"这个变量决定了你能够把握多少机遇，以及你能把握什么样的机遇。

如此一来，事情就相对简单了：一个人只有自己修炼到一定火候，具备了与某种事物相匹配的内容，才能把握住某个机遇。这也就是人们通常说的："如果你无法改变世界，你至少可以改变你自己"。

事实上，我们改变世界的第一步，往往就是先改变自己——让你的"内容"具备改变你的世界的能量。

所以比机遇更重要的，其实是你自己有没有建立与"机遇"相匹配的"内容"。

在当下不断迭代的信息社会，人们常说"内容为王"。其实，岂止是在信息竞争时代是如此呢？在古往今来的任何时代，什么时候又不是"内容为王"呢？在同等条件下，如果有自己的内容，即便你是灾荒年代里讨饭的流民，你也可以比别人有更多机会可能温暖肠胃，比如韩信；如果没有自己的内容，即便你是拥有江山的帝王，你也可以把国家搞得乌烟瘴气，一败涂地，比如热衷于搞艺术的宋徽宗。

无论社会还是个人，有自己的"内容"才是根本。但怎样才能建立自己的内容呢？我无法给出标准答案。

因为第一，这本来也没有什么标准答案。你想做个养猪大王，那有养猪的内容；你想做个水稻大神，那有袁隆平的内容；你想搞个火箭上天，那有马斯克的内容；你想做个互联网产品服务社会，那有二马雷周等人的内容；你想研发芯片改变科技卡脖子的处境，那又是另一番内容。

所以第二，这个答案就只能在每个人自己心中，只能根据每个人自己工作领域的具体实践中去体悟、练就。

虽然如此，不论你是拥抱了机遇的朋友，还是叹息机遇擦肩而过的朋友，如下几个小小的故事还是希望能够带给你某些触动。

一、不要等伯乐

管仲说："和鲍叔牙合伙做生意时，我总是把利润多分给自己一些，老鲍呢，他不认为我贪婪，反而认为我是家里穷的缘故；给鲍叔牙办理事情时，我把事情搞砸了，老鲍呢，他不认为是我挫，没能耐，反而觉得我碰巧遇到了坏运气；我也曾经三次在战场上当了逃兵，老鲍呢，不把我当胆小鬼，是知道我家里有老母亲。生我者父母，知我者只有鲍叔牙啊！"

后来，世上的人都说管仲这样的千里马常有，而识得人才的鲍叔牙却不多。

真像世人说的这样吗？

以今日社会机会之多，根本用不着苦等鲍叔牙，而是要扪心自问，你的本领与修为真到了管仲这种级别了吗？

今天不会再有怀才不遇这回事。

如果有，那一定是你怀的才还不够硬核。

二、有胆做决定

管仲说："做领导的，只有暧昧与反应迟钝最不可取。"

管仲具体解释道："暧昧犹豫，举棋不定，就会失去群众支持；反应迟钝，不仅会错过取得成功的绝佳机会，而且会使潜在危机得不到及时解决，等到爆发出来就一发不可收拾了。"

管子的这个判断，对任何领导都是管用的。

一个人即使没有天赋与修为去领导别人，但他至少必须领导一个人，那就是他自己。

对于那些连自己都不能领导，听凭自己放任自流、任意妄为的人，一定要离他远一点。不但你要远离他们，还一定要告诫你的子弟、朋友要远离他们，离得能有多远就有多远，因为他们就是传说中的鄙夫，一定会坏事的。

三、不要替鸟飞

管仲说："不要代替马跑，要让它尽力。不要代替鸟飞，要让它张开羽翼。"

诸葛亮自认有管仲、乐毅之才。要按诸葛亮的故事来说，他肯定是治国理政的杰出能人，也是个好总管、好参谋，但是不是确有那种争天下的雄才伟略就不一定了。

从诸葛亮在具体经营蜀汉过程中的情形看，他与管仲相齐还是有差距的。他可能是读懂了管仲精神，但在具体实践中却又顾虑重重，不能放手实施。虽然，蜀国以天下一州的单薄财力物力对抗魏国九州，确实是经不起多少失误与折腾，诸葛亮不能不谨小慎微，但管仲当初经营齐国时所拥有的资源其实也好不到哪里去，齐国当时在各诸侯国中也就属于是东部一个盐碱地。

毛主席当年评价叶帅时曾说"诸葛一生唯谨慎，吕端大事不糊涂"，可谓一语中的。诸葛亮一生谨慎，事必躬亲，替马跑，代鸟飞，就连惩罚一个人时打了多少板子的事情都要亲自过问。

难怪司马懿说孔明必定累死。

左也放不下，右也放不下，那是举轻若重，这样的能力发挥辅佐之才是没有问题的，但是一旦独自面对国内外的复杂大势，那种沧海横流之际不为所动的胆魄可能就不足够了。

四、躁动者必输

管仲说："事情来时，不要先动，要观察它的规律。乱动就会失位，冷静就有办法。"

曾国藩初办湘军团练时，就认真分析了太平天国所向披靡、清军节节败退的原因，看清了清军腐败至极的本质，所以他清醒地意识到，不能再以清军绿营兵为主，必须要改弦更张，赤地新生，建立一支别开生面的队伍，才有可能剿灭太平天国。这是曾国藩创业办事起点时期的冷静。

等到曾国藩湘军团练尚未成形时，咸丰帝的上谕就一道接一道，一会催促他驰援武汉，一会命令他救援南昌，一会敦促他火速领兵奔赴安徽，然而曾国藩却不为所动，三番五次抗旨不遵，他深知以他这点草创兵力胡乱出击，无异于以卵击石。曾国藩铁了心要先把湘军队伍的基本框架搭好、基本内容体系夯牢，再迎接战争电闪雷鸣的洗礼。这是曾国藩临事时的不妄动。

曾国藩也因此兑现了自我期许，最终依靠这支建设有自己内容的湘军打开了局面，剿灭了太平天国。

躁动者为什么必输？因为那是情绪化的决策，是非理性的，不科学的，它将可能导致一个人做事情时违背事物发展的基本规律。

上世纪九十年代初，正值世界上西风压倒东风时节。当时，苏联崩塌解体，东欧也已剧变，时事波诡云谲，一时间天地好像马上变色，当时第二代领导人是怎么面对的呢？他给出了"冷静观察、稳住阵脚、沉着应付、韬光养晦、有所作为"等"定"字诀，今天回过头去看堪称定海神针。

这才叫管仲之才，不动如山，举重若轻。

躁动者的表现往往就表现在这两个方面：第一是眼光判断。当一个事情刚冒头时，走势还不清晰，朝哪个方向发展也没弄明白，就鲁莽应对，轻举妄动，能把握得好大局、处理得好吗？第二是有了判断之后，还要看你能不能把握得定、下定得了决心、坚持得住。

在面临眼前利益、非重点方向、非核心问题、非主要任务时，你有没有定力不为所动，坚持你的主要判断？还是心驰神摇，乱了分寸，抑或是贪多求得，胡子眉毛一把抓呢？

这就能区分出一个人内心定力的轻重来了。

五、六项修炼内容

鬼谷子的所有精华就在开篇，他说："圣人之在天地之间也，为众生之先，观阴阳之开阖以命物。知存亡之门户，筹策万物之始终，达人心之理，见变化之朕焉，而守司其门户。故圣人之在天下也，自古至今，其道一也。"

这就给那些想要担当领导的人提出了基本要求。

领导是个发动机，不是什么钢都能炼成的。才不配位，德不配位，要翻船的。怎样才能窥得天机、人配其位呢？鬼谷子给出了六项基本修炼：

一要有基本素质，精神、品格、智慧、健康。这些素质好比什么呢？好比战士要能十公里跑，会基本的五项全能。

二要有一定的理论修养。理论修养不是说你有知识，知识只是知识，有知无识，那还是等于无知。理论修养首先是"修"，不断结合实践求证、检验、反思、改进，实事求是，成为本能；其次是"养"，融入骨子里，成为基本素质，善于凭借它们应对实际事务。

第三他要有使命在心。率领队伍救亡图存是使命，带领学生钻研科技难题是使命，带着小伙伴们发财致富是使命，改变山村落后面貌是使命，像乔布斯那样一心要改变世界、像任正非那样几十年来对着一个垛口冲锋都是使命。

四要有高明的规划、策略、方法、技巧。意志不能改变一切，光有使命移不了大山，为啥说领导带头、万事不愁？因为他带着团队为理想打定了主意，研究出了具体的方向路径。

第五他要懂得变通。形势变了，你要有能力随机应变。如果不懂得什么叫作变通，那请参考孙子兵法，看什么叫"临机制宜"；参考粟裕用兵，面对数倍之敌，看如何在苏中七战七捷；参考足球界的那些顶级教练如里皮、弗格森、安切洛蒂、克洛普等人，看他们排兵布阵与临场指挥时怎样善于根据形势变阵，有时一场比赛能依据场上形势变换出三四套阵型打法，常常让对手猝不及防地歇菜。

第六特别重要的是，要有说服众人的能力。所谓说服力，绝不是市井间那些花言巧语的糊弄，绝不是什么自鸣得意的忽悠，而一定是饱含赤诚精神的演讲与动员能力。电影《勇敢的心》里，苏格兰起义军与英格兰殖民军队对阵，带头大哥亮剑立马，阵前三言两语，兄弟们就忘了生死，直奔强敌冲了过去。这就是说服力。

六、取天下之利

墨子说："仁人之所以为事者，必兴天下之利，除去天下之害。"墨子接着自问道："天下之利何也？天下之害何也？"

放在今天，这就要靠你去发现了。

乍一看，你可能会觉得"天下"这种高大上的词汇离我们普通人不是太远了吗？一般人要找工作，干事业，求生存，求发展，哪里还管得了那样大的"天下"呢？

并非如此。

可以说，很多事业的发展机会都可以在墨子这四句真言里找到踪迹。比如说工业时代以来，"污染"是需要去除的"天下之害"之一，水源有污染，汽车尾气有空气污染，油漆与家具里有甲醛污染，如果你去消除这些天下之害，你的产品不就是"兴天下之利"吗？所以纯净水、环保漆、电动汽车就大受欢迎了，那你不就是兼得天下之利了吗？

再比如说食品安全问题，这也是个民生隐患问题，某些种类的食品被滥施、滥用、滥放、滥添加化学药剂，以劣质充良好，不可谓不是"天下之害"，如果你发展零添加的绿色健康食品，不就是"兴天下之利"吗？你兴天下之利，受到大众欢迎，那你不也就因此发展起来了吗？更不要说那些能够治疗人民大众疾病的良药了。

说到底，无数企业不就是靠着解决大大小小的"天下之害"（社会问题）发展起来、并继续发展下去的吗？"社会问题"产生需求，需求产生市场，市场需要解决方案，这就孕育出了无限广阔的利润沃土。

要不然，怎么说"人民利益大于一切"、要"为人民服务"呢？可以这么说，凡是那些真正为人民服务的产品，人民肯定是不会亏待它的。

所以，荀子这样总结过："汤武者，循其道，行其义，兴天下同利，除天下同害，天下归之。"他认为，商汤和武王遵循着这条原则，实行道义，振兴天下共同的利益，铲除天下共同的祸害，天下人就归附了。

曾经有那么一段时间，日本的稻盛和夫在中国兴起一股风潮，国内很多企业家推崇他的"利他"思想，上他的讲学塾课，不知道他们是真心觉得企业应该以"利他"为宗旨，还是仅仅羡慕稻盛和夫创办了两家世界500强公司的成就呢？如果真认为"利他"是好的经营思想，那其实这种思想资源在中国传统文化里实在是太多了，譬如墨子的"必兴天下之利，除去天下之害"不是说得更清晰、更广阔吗？

也许是外来的和尚好念经吧，但本来啊，我们中国人自家里是有更丰富宝藏的。

七、安心即是安天下

墨子说："非无安居也，我无安心也；非无足财也，我无足心也。是故君子自难而易彼，众人自易而难彼。君子进不败其志，内究其情；虽杂庸民，终无怨心。"

说得真是好极了，并不是没有庄园豪宅就不安定啊，是没有一颗安定的心；并不是缺少挥舞不尽金山银山啊，是没有一颗满足的心。

所以，墨子又说真正的君子，就会严以律己、宽以待人。发展顺利时，也不改变他平素的志向；不得志时呢？心思也不乱，就算混在地摊街头，也终究不会怨天尤人。

为什么呢？因为他知道自己在做什么。

当他知道自己在做什么时，他就会领导自己；能领导自己的人，就能"以等待天时"；等到天时到了的时候，会怎么样呢？

哪怕是一度经商失败、参军又当逃兵，管仲也能将贫瘠的齐国治理成"春秋五霸"之首；哪怕从穷困潦倒得以至于不得不从街头地痞裆下爬过，韩信也能带十万雄兵。

八、人物不分立

晚清倭仁说："立国之道，尚礼义而不尚权谋；根本之图，在人心而不在技艺。"洋务派讥讽之说："以礼义为干橹，以忠信为甲胄，无益于自强实际。二三十年来，徒以空言塞责，以致酿成庚申之变。"

后人都说前者空谈误国，后者是真理。这个逻辑放在晚清当时，事情的确如此。但是世事无绝对，取一个面而弃另一面，极端对立化，都非久胜之道。

没错，空有人心而无先进制度与科技，那的确是敌不过火枪与大炮；但是，当一个人、一个团队、一个企业、一个国家一旦有了"硬核利器"之后，倭仁所说的"人心"这时往往又成了左右成败的一大关键因素。

因为一旦人心败坏了，即便是导弹、战斗机、航母等等利器再硬核，它们也难以抵挡从内部蔓延的堕落衰朽——这就是很多个人、团队、组织、国家有了坚船利炮之后却仍然会像昔日北洋舰队一样覆灭的原因。

左右人心的是欲望和信念，激发人心的是光芒和黑暗。要想信念和光芒照耀人心，引导欲望，驱散黑暗，靠的当然并不是用小恩惠拉拢团队成员，而是找到光明的价值观与理想，设计好利益分配制度，制定好公平的规则，确立好严明的纪律，培训好一个训练有素的队伍，等等，从始至终都使得人心愿意主动奔赴或是追随。

总之，这种"人心"与"利器"之间的辩证关系，在今天这个时代仍然值得每一个人、团队、组织在发展中仔细思量。

最后，在你建设自己内容的长线修炼场上，希望以上《有胆做决定》《不要替鸟飞》《躁动者必输》等八个小故事能成为你偶泊的驿站，为你沿途补充粮草弹药。

外力
THE EXTERNAL

找到气味相投的班子

终生不渝的合伙人，
需要什么样的生长信念？

在下一章《组织：避开传统黑洞》中，我将分析酿成组织"黑洞"的社会基因——辽阔大陆农耕文明下衍生出的"人情关系"。

在这种"黑洞"的巨大惯性下，不但传统组织会陷落到一张巨网中，无可遁逃，组织生命力无可奈何地逐渐走向枯萎，即便是现代中国社会的组织也面临这种隐患的严峻挑战。

那么，传统社会的团队光芒就真的没有办法穿越这个"黑洞"了吗？有一种例外。

这种例外的情形，可以对这种"人情关系"因势利导，使它发展出巨大能量，闪耀人间，它或许也算是唯一能穿过"黑洞"的光了。

它可能也是世上所有关系的最高级了——却也因此使得这种境界很难抵达，毕竟在这种境界里生长着的，是大多数团队难以企及的、一种宗教般炽热与赤诚的人间情义。

如果要在古代中国寻找这种"人情关系"典范的话，那么我只在二三先秦诸子思想的创始者师徒身上见到过。

一、大道凋零

假如回到先秦，那么在落日的余晖里，我们会看到三个人，默默前行在大地上。晚霞给三个人的背影镶上了一道金边，他们远去的身影既发着暖暖的余晕，又显得是那样的寂寥长长。

他们一个叫孔丘，一个叫王诩，另外一个叫墨翟。

他们都已不再年轻。热火还在他们心中燃烧，雄心并未因为白发而稍减。

在践行理想的路上，他们带着一群弟子，不论是在繁花似锦的季节，还是在风雨如晦的暗夜，都从没有徘徊犹豫过，也不曾回头。

家乡已多年未回，行囊已陈旧，马车上的布帘在风中飒飒作响，似是梦中征伐的号角，又似幽咽的胡琴声，在岁月里催人老去。

彼时，战乱纷纷，周王朝式微，大道凋零。前路到处泥泞，理想还在未知的远方。

他们于是把自己抵押给了一个地方。

这个地方，叫天下。

山河纷纷无人问，长夜举火我执掌。他们都觉得这个社会出了大问题，需要拯救。他们要用自己的全部能量重新照亮那混沌的人间。

而他们救世的方法，却不一样。

二、长夜举火

易中天先生对此归纳得颇为生动。孔丘和墨翟的方法，都是一个字：爱。爱世人，以救世人，这倒和他们身后500年的耶稣奉行的宗教精神不谋而合。

不过，他们的爱，是不一样的。

孔丘的爱，叫推己及人。

把你对自己父母的爱、对孩子的爱，推及到族人、亲戚，再到朋友、乡人、国人、外人，一直到所有人，让世界充满仁爱。只要站在自己的情感与利益的立场上，去推想到别人，那么世间的事情就好办了。如果大家都能这样，约束自己有所不为（克己），遵守礼节秩序（复礼），天下必定大治。

己所不欲，勿施于人。这倒是很公平。

墨翟却说，一点也不公平。

爱为什么还要分亲人、外人呢？应该不分亲疏远近、上下尊卑，一视同仁地、无差别地、广泛地去爱。

墨翟于是就举起了一面大旗，上面写着六个大字：兼相爱，交相利。翻译过来就是大家没有血缘、阶级、远近地爱着吧，互利互惠地往来吧。

墨翟的爱，叫兼爱、非攻、尚贤，即和平共处，友好互助，尊重有才德的人。这种思想真是好有现代精神啊。

就在墨翟与孔丘还在为怎么"爱"争论不息、互不让步时，五百里外的王诩看了这两个家伙一眼，冷笑一声，没说什么话。

王诩断定，孔丘与墨翟挥舞的这些虚里吧唧的玩意儿，都是不着边际的白日梦。诸侯们正忙着打仗、相互侵吞与掠夺,会有闲工夫听你们什么爱不爱的吗?脱离残酷实际的瞎嚷嚷如果能有用,燕雀蝼蚁也能治国了。不挺身入局去操盘,不审时度势去运筹帷幄,怎么能救天下于水火呢?

王诩的救世之策,叫谋略。

谋略的核心,叫捭阖。简单来说,就是按照阴阳、强柔相互变化的规律,或开或合,或张或收,默默地制定好方向,策划好方案,落实好路径,不声不响地搞定:搞定内政,搞定诸侯,搞定天下。

世事如火风卷去,赤手拿云带雨来。总之王侯们只要听我的,天下就有办法了。

孔丘,墨翟,王诩,究竟谁的主张是对的呢?好像三人说的都有道理,毕竟都是不世出的一代宗师。

那就看看放到社会实践里,看看他们弟子的表现吧。

三、千年宗师

后来又不知过了多少年,世人景仰孔丘、墨翟、王诩三人的胸怀、思想、光芒与成就,分别恭敬地尊称他们叫作"子"。

孔丘孔子,墨翟墨子,王诩鬼谷子,各有各的追随的热血弟子团。

孔子的弟子大家都知道的,据说有三千人,其中贤明的72个。当时他们鞍马劳顿,周游列国,一家接一家地游说王侯贵族采纳他们的主张,以求实现天下大同的良好梦想——可惜真叫鬼谷子给说中了,没人理他们。

都55岁的人了,孔子还带着仲由、颜回、冉求等人四处奔波,忙活14年,从鲁,再到卫、曹、宋、郑、陈、蔡各国,壮志难酬。

这事儿在今天是做不去的。这就好比你带着一个团队创业,比如说十八罗汉、七侠什么的,从北京到杭州,到了69岁,还没一家资本愿意投你,这情形谁能熬得下去呢?别说十数年、几十年还没出路了,就是跟你三年五年那都算是好同学了。

而且还有能羞死你的风凉话。有个郑国人对子贡说,你们老师那栖栖惶惶的样子,看起来很像丧家之犬啊。

子贡很忠诚,一五一十地就把原话跟孔子说了:老师,他们说你像条没人要的野狗呢。孔子笑了起来,是啊孩子,他说得对,真是这样的。

这都是些什么人啊?心态好成这样。功不成,名不就,钱也没有,老婆孩子也不管,就整天东逛西逛推销理想,这看起来跟招摇撞骗瞎鬼混有啥区别呢?怎么不焦虑呢?自己没着没落的就算了,还拖着一帮大好青年跟他受累。

可是孔子师徒既已慨然把自己交给了天下,那就没想着自己能上百富榜。

虽然,他们生前对社会也没有什么重大影响,可对后世的影响那就大了:他们的思想几乎塑造了中华民族的性格,决定了后世两千多年的历史走向,成为历代政府一致推崇的大宗师。

其巍巍乎如高山,其浩浩乎如白水。

可是鬼谷子师徒却摇摇头,水是浩浩乎,毕竟救不了近火。

四、赤手拿云

与孔子三千弟子不同，鬼谷子的弟子数量，就像他的话一样，不多，只有个位数。

但全都惊天地，泣鬼神。

他们一个叫孙膑，著名的军事家，生前赢得战功无数，奠定了齐国的霸业。身后呢？留下一部震古烁今的《孙膑兵法》；另一个也叫庞涓，也是很有名的军事家，孙膑的师兄兼对手。

另两个弟子呢，那就更是天下闻名了：一个是苏秦，以一己之力组建六国合纵联盟，担任联盟主席，兼佩六国相印，抗衡强秦，害得超级霸主秦国15年不敢出函谷关一步；一个是张仪，秦王拜他为相国，以"连横"谋略，破了师兄苏秦的"合纵"之策，使得六国又纷纷投入了秦的怀抱。

苏秦和张仪，后人称他两个为纵横家，成语"纵横捭阖"便是源自鬼谷子。

四个弟子，改变了春秋战国的历史走向。

据说鬼谷子还有一个弟子，他倒是没有改变历史走向，而是直接就决定了历史走向。他叫商鞅（这种说法尚无定论，但商鞅肯定深受子夏的西河学派影响，而由于鬼谷子与子夏都大致生活于今河南境内相近区域，就有一种说法认为鬼谷子可能是子夏的隐号），正是从商鞅变法开始，西部边陲衰国秦，才逐渐走向强大，最终统一了天下。

鬼谷子弟子差不多都是这等魔幻现实主义。

在他们冷傲狂放的现实主义眼里，"爱"这种玩意别说是鸡汤，就连菜汤都不如，而他们只喝烈酒。

另一边的墨者，甚至无酒亦无汤。

五、天下隐武

墨子带着几百个弟子，也正步履不停地周游列国。他们统一称为"墨者"。

带头大哥墨子，平民出身，自称北方的大老粗，除了思想太过于超前，技术上也堪称是当时超一流的科学家。墨子特别有工匠精神，懂得杠杆原理，创造了不少用于生产与军事的时代尖端设备，例如辘轳、滑车、云梯，等等。

为什么要造这些东西呢？因为墨子倡导"非攻"。但你不攻打别人可以，别人非要打你怎么办呢？那就以守对攻，以战止战吧，所以要发明先进的守城设备拒阻来敌。

墨家弟子们也都是特别善守，特别能打。

墨者们大多来自社会下层，平时一律短衣草鞋，参加生产，风里来雨里去，晒得黝黑。但是一旦战争来到，他们转身又都成了英勇善战的战士。

他们有严密的组织，训练有素又纪律严明，以吃苦为乐，行动一致，对"钜子"（墨家领袖称呼）忠心耿耿，为救助世人付上性命也在所不惜，"皆可使赴火蹈刃，死不还踵"，总之决不转脚后退，功成不受赏，施恩不图报。

他们东到齐国，阻止了它伐鲁；西到郑、卫，阻止鲁国攻郑；接着又南到楚、越，阻止强楚攻弱宋，墨子是单刀赴会，弟子禽滑鳌等三百人装备最先进的防御器械，守住宋城。

他们留下《城守》21篇，即人们常说的"墨守成规"。

墨者是侠客吗？不是。侠客一般都是单枪匹马，行侠仗义也往往出于随机事件，并且大多数的侠客也没有系统化的理论体系，缺乏社会治理上的诉求。墨家不一样，墨家有着明确的理论与信念，并且身体力行。墨子30岁前就创立了一个文、理、军、工等科的综合性平民学校，培养大批墨者人才。他们四处游说，意图改变各个诸侯国，实现墨家的政治理想。楚、卫、越、宋、齐等国政府中都有墨家弟子。

他们拒收楚王封地、越王田产，不计爵禄。

他们要实现的理想，都在《墨子》里，叫作公平、正义、博爱、互助，仿佛是近代社会理想的早期实践啊，只不过因为超前了2500年而不适合于当时。

这些千万人中无一的家伙，名也不图，利也不要，前途也不在乎，大半生忙忙碌碌的，又是所为何来呢？

只因为他们心中生长着一样东西，它叫作——信仰。

六、深寒之花

大约来说，一个团队的人事关系不外乎四种：第一种是威权控制，第二种是利益计算与分配下的精确分工，第三种是平等身份下的股份制联合，第四种是信仰与追随。

威权不必说，传统治理都这路数，恩威并重。

利益计算与分配下的精确分工呢？近现代大部分工业企业都以

这个关系模式为基础。我花钱买劳动时间，你上班拿薪水，大家五险一金加双休，早九晚五齐步走。

第三种团队关系是平等身份下的股份联合，创业合伙模式。因为梦想、利益、情感三者之一或以上而走到一起，或者凭热爱与兴趣相聚，以兑现人生壮志为驱动，以敲锣上市、实现财务自由激发热血，在以产品满足社会需求、以商业服务内容改造社会的过程中分分合合，因缘聚散。

第四种团队关系"信仰与追随"在现实里就比较稀罕了。这种团队关系下的成员们，那就好比从少年时的青梅竹马开始，还能携手白头偕老，简直是"此曲本应天上有，人间能得几回闻"？

但孔子、鬼谷子、墨子的团队做到了。如果说他们是各自组织里的大 Boss，那他们率领的团队就抵达了组织关系中的最高境界——信仰与追随模式。

这种团队人事关系之所以难以抵达，是因为它有个极高的前提——精神属性高于利益属性。而且其领导层所图的，既不能是纷纷兮名声，也不能是哗哗兮铜板，而必须是皎皎兮如明月星辰的心念：救世、改变世界，或是改造社会。

所谓有其师必有其徒，当一个人或几个人身上散发着这种神一样的明月光时，那么与他在一起的人群往往也是沐光而行者。

有了这种"信仰级"的组织关系与情感，就不难理解他们为什么会终生不渝、生死相依了。他们不但可以在缺水少粮时相濡以沫，而且分散在江湖大海里也能心不相离。

他们并非了无纷扰，但他们的眼中关注的世事纷扰实在是太辽阔了，无边无际；他们追逐的世界，不是任何一位成功学大师所能理解的；他们是深寒世事里的明月光辉，温热了人间。

他们曾在先秦遍地花开，人面桃花相映红；又终于在那里归于无声，渐次凋零。

你看后来那些历朝历代的帝国社会，江湖依旧，庙堂依旧，人间依旧，但像他们那样散发着绚烂光辉的先生却千万人中无一了。

七、山高水长

墨子不知享年几何，逝于何时。鬼谷子的归去之期，历史也只知道个大概。只有孔子的余晖，在日期清晰的大地上缓缓落幕。

公元前 480 年，鲁哀公十五年，孔子得意门生子路死于卫国内乱，还被剁成肉酱。一年后，另一个学生子贡来见孔子，孔子就拄杖依于门前，在那遥遥相望。

孔子说，子贡啊，泰山将要坍塌了，梁柱将要腐朽折断了，哲人将要如同草木一样枯萎腐烂了，你为什么来得这么晚呢？

孔子说着就流下了热泪，天下无道已经很久了，却没有人肯采纳我的主张，理想将要与我同去了吗？

想来子贡听了这话，也是泪流满面吧。

是年，孔子卒，终年七十三岁，葬于鲁北泗水的岸边。很多弟子为之守墓三年，子贡守墓六年。

人寿终是有限。唯有那像日月星辰一样超越了个体人生格局的事业，才能真正召唤到一群群信徒，生死相随，相期不负平生。

可惜这种精神太耀眼、太广大了，对于一般团队来说都是可望而不可即。即便如此，那些信仰与追随者们的故事，那些纯粹的精神，那些矢志不渝的行为，还是通过一代又一代的传说被继承了下来，启迪着我们思考"信仰"这种东西之于现代团队的价值——哪怕是一个微不足道的小小信仰。

而即使是再小的信仰，也可以像范仲淹写下的那样，在某处尘世间、在某些人心中留下长远影响："云山苍苍，江水泱泱，先生之风，山高水长。"

女排精神迭代的启示：
从国家神话到一个现代团队

一

2019年10月，在新中国七十大庆到来之际，中国女排夺得第十冠，同时也是郎平带队五年间的第三冠。

"女排精神"再次感动了祖国的亿万粉丝们。

一代又一代传承不息的"女排精神"，看起来一直都在，让人觉得还是四十多年前那个引发"学习女排、振兴中华"呼声的传奇队伍。

但以我观察，其实已完全是两回事。

女排精神，已经不再只是"艰苦奋斗""三从一大"那些过往时代的特有名词可以代表的了。正如凤凰涅槃，曾经的传奇已经是过去式，如今它已悄然升华为现代版的"新女排精神"了，郎平执教下的女排队伍也已进化成了一支现代团队了。

其实早在2016年郎平带领中国女排一路曲折夺取奥运冠军时，就可以从中看出端倪了。现在，我们就结合今昔两代团队文化来探讨一番，看看中国女排团队组织的现代转型经验能给我们哪些启迪。

二

在2016年的里约热内卢奥运会上，中国女排在小组赛的几场输球，让人们对郎平选人用人质疑声四起；等到一路逆袭夺冠，人们又惊呼"女排精神"回来了。

可是执教仅仅三年时间，郎平就把低谷期的中国女排从亚洲第四变成了世界杯、奥运双料第一，仅仅靠"女排精神"就能做到吗？

在精神之外，是女排团队文化内涵的现代化转型。

这种新时代的团队哲学，不用说，必然是建立在顺应当今世界潮流趋势基础上的。但如果细细解析这种现代团队文化的内涵，却也能发现它跟古老中国的治理文化传统并非是相互对立的——相反，即使是隔着两千五百年以上的长长时空，也仍然可以在二者之间找到某些遥相呼应的共性。

比如说与先秦《管子》思想中的某些共性。

《管子》是总结中国先秦时期齐国卓越改革家管仲治国理政经验的一部杰作。春秋时，齐国本是中国东部沿海盐碱之地，到了齐襄公时又经十年内乱折腾，疲敝不堪。可就是在国力如此虚弱的基础上，短短十数年间，管仲竟然辅佐齐桓公把它变成了"春秋五霸"之首……两三千年过去了，今天再读《管子》，仍然令人惊叹它的思想如此之新，就如同华夏文明夜空里一颗闪亮的星，时间也不能黯淡它的光辉。

一边是公元前7世纪的管子治理方略，一边是21世纪的郎平女排建队与带队哲学，居然可以在二者之间发现遥相呼应的光芒，不能不说是一件很有趣的事情。

连接它们的，首先是《管子》第一篇《牧民》。

七段《牧民》虽然看起来平淡无奇，但它可以说是 76 篇《管子》的"内功心法"总诀。真要是读透了它，就好比是拿到了管子治理智慧宝库的钥匙。

不管你是率领中国女排搏杀赛场，还是带领创业团队步履不停向前；不管你是大厂队伍的带头大哥，还是小车间团队的主任，只要你用活了《管子》这篇心法，相信都会有益于你的领导实践。

《牧民》里到底说了什么呢？说出了管理中关于人性的秘密。

三

第一个秘密是：理解人心的柔弱，保护它。

《牧民》原文写道："政之所兴，在顺民心。政之所废，在逆民心。民恶忧劳，我佚乐之。民恶贫贱，我富贵之。民恶危坠，我存安之。"

把这段话用到郎平带队上，那意思就变成了带队的成败在于队员支不支持你，你要考虑队员是怎么想的。如果队员们不喜欢忧劳，你就要让她们欢乐起来；如果队员们不喜欢又苦又累，你就要使她们心灵富足起来；如果队员们不喜欢动荡，你就要让她们内心安定。

这种道理看起来好像也没啥了不起，但就是这些平常的道理，真正能够意识到、在实际中做到位的却不多——尤其是在我们这个素来讲究服从文化的社会，团队管理中真能做到这一步的并不是很容易。

这也是郎平用教训换来的。

郎平早在执教美国女排时，就跌了一跤。当时美国女排还是支杂牌军，出征世界锦标赛一场未胜，气得郎平让队员们绕场跑圈，谁知一名队员白了郎平一眼，竟扬长而去。

这让郎平陷入了深思。

后来郎平停下了训练，邀请队员到家中做客，包了一顿饺子，与队员们聊天，倾听。之后美国女排进步飞快，2008年北京奥运会竟然摘得银牌。

"她们每天训练完都挺高兴的，她们从不认为锦标是最重要的，她们最常说的是 I did my best（我已尽了最大努力）"，郎平说。

团队纪律当然是必须要有的，严格训练也必不可少，但到了如今这个年轻人越来越注重个性的时代，聪明的团队领导都懂得首先要做一个太阳，晒得人心里暖烘烘的。如果天天吹西北风，只会把人心吹得越来越冷，新新人类将会裹紧棉衣，像是对抗你的盔甲。

但不少管理者还是习惯体委大院的那种旧式管理习惯，整天都是什么"三从一大"之类，从严、从难、从大运动量训练。快乐打球？在他们看来那就是小资情调，他们的思维更习惯每天必须到位的八小时满负荷练，结果练得球员们身心俱疲，造成许多女排姑娘伤了又伤，竞技水平下降得也很厉害，有些队员练废了，不得不提前退役。

然后还要上思想课，收手机，不能上街，思想要向"队委会"及时汇报，动不动就"军事化"管理、训练。

老一代还在喜欢用旧路子管理新一代。也许那是他们曾经成功的经验总结，他们可能也并没有做错什么。

可是时代和人都不一样了，从前行得通的道理，现在不一定行得通。还是抱着工业化时代那种"命令""服从""整齐划一"的思维不放，怎么能应付得了以"创造性"为先的信息化、智能化时代呢？

郎平在国外生活几十年，执教过美国女排、意大利女排，她视野之广阔早不是运动体制内那些旧思维的人可以同日而语的了。

她尊重年轻队员的个性价值，支持她们排球之外发展自己的爱好，培养多样的兴趣。她也鼓舞她们学习，队长惠若琪都能用全英文接受外媒采访了。

她推动朱婷在奥运后去土耳其打球，连加盟的球队都是她帮助挑选的。

她看望养伤中焦虑的徐云丽，一句"小丽回来了"，徐云丽眼泪就下来了，觉得好像看到了妈妈一样。

她春节给队员包红包，也给队员买蛋白粉。

2015年世界杯总决赛，最后一分钟换上处在手术康复期的魏秋月，让她亲手拿到世界冠军，用金牌的欢笑帮她忘记几年的挫折。

郎平说："论年纪，她们就像我的女儿一般，我还承担着母亲的责任。"

队员说："她是场内外分开，场上就是得打起120%精神，下了场还有自己的人生。这种感觉是别的教练很难给的。"

《管子》说："令顺民心则威令行，使民各为其所长则用备。"施行计划的方法能顺应时代人心，就能被执行透彻，大家各展所长，那还怕什么拦路虎呢？

人心之中的柔弱与喜憎，曾经的"铁榔头"郎平反而别人更懂。

而且她也更有办法。

四

郎平的办法，需要一个条件。

当初中国女排三易其帅、动荡不息时，外界一致呼吁郎平接手，但她沉默着，犹豫着——直到上级对她充分授权。

以前的中国女排主帅，受制于体制，经常无法按自己想法独立组队、集训、甚至参赛。但见惯世面的郎平十分清楚：她不可能穿着昨天的旧衣裳，走进时代的新舞台。

这个曾经的世界女排赛场上的MVP，退役后主动到美国进修，拿下了新墨西哥大学体育管理系的现代化专业硕士学位；而多年在美国、意大利执教经历，也让浸润了中国体育精神、又有西方经验的郎平在眼界与思想上独一无二。

郎平想要按照自己的思路，打造一个全球化的复合型团队。

这就像是《管子》里关于如何带领好团队的第二个心法：用天下资源，办天下事。

《牧民》原文写道："天下不患无臣，患无君以使之；天下不患无财，患无人以分之。审于时而察于用，而能备官者，可奉以为君。"

世界那么大，为什么一定要守在自家田里找粮食呢？看得清趋势，懂得调配资源，会选用各种人才，那才是现代团队治理智慧嘛。

1987年，郎平不堪被心胸狭窄的人栽赃，她就像一只蜜蜂一样飞出了大院；26年后，当郎平接受召唤飞回蜂巢时，她带回了五彩斑斓的现代管理思想花蜜。

郎平教练团队14人，是个真正国际大家庭：既有知名的中国陪练，也有来自美国、澳大利亚等各个国家的体能教练、康复师，还有助理教练、医生、营养师、科研、信息研究、数据统计等专业人才。

有了这些各个模块的专业化助手与智囊，郎平大胆停止了"魔鬼训练"的陈旧模式，强调运动保护，尊重姑娘们个体差异，首倡"私人定制"式训练法，就连姑娘们经常发愁的体能问题也迎刃而解。

时代就像大河奔流，站在同一条河流边上，要看到没有一滴水是上一秒的那一滴，流动的一切都是新的。守旧，守旧，只有保守的旧人们才会无视时代新趋势的变化，才会不懂得"不变与变"之间的辩证关系。

因此要"审于时"。

龙腾云聚，雨就下了；凤栖梧桐，吉兆就有了；蚯蚓在田，地下的土就疏通了……看得见不同事物的用处，事情就好办了。事事求全责备，又能有多少完美的人在那里等着你寻觅呢？

因此要"察于用"。

在今天这样一个多元、个性、共融、竞争、合作的世界里，桂冠背后的团队的分工越来越精细化，也越来越需要多个细分工种之间的密切合作。

一个现代管理者的智慧，当然要建立在广阔的现代视野之上。

五

走过了世界的郎平，懂得守护更多人性的常识。

什么叫懂得人性常识？那就好比是《天龙八部》"聚贤庄大战群雄"一章里写的那样，乔峰使出一招平平无奇的"太祖长拳"，却让在场群雄惊骇不已。原来"太祖长拳"人人都会,但能像乔峰一般打出这等排山倒海气势的,却没几个人能做得到。懂得人性常识也是这样,道理人人都懂,能运用得出神入化的,却只有那些真正具备现代管理智慧的领导者才做到。

《牧民》心法的第三条说:"凡地有牧民者,务在四时,守在仓廪。国多财则远者来,地辟举则民留处。"意思是说治理一个地方啊,要保障按农时生产,粮库充足是一切根基;国家有钱了,远方的人就会来归附;土地开垦了,人民就会留下来。

这体现在企业里,就是说要看清楚时代发展趋势,抓好产品建设,保障好利润来源,确保资金链安全;薪资给到位了,人才就来了;业务开展得好,市场开辟得顺利,人心就安定了,追随你的人才就愿意留下来。

这些道理就像那记"太祖长拳"平淡无奇,但运用得好,也足以效果惊人。这在郎平带队上,有哪些体现呢?

《牧民》的第三条心法在郎平这儿就变成了这样:执教女排的郎指导啊,她懂得"务在四时",平时训练出过硬技术;"守在仓廪",保障好技术根基,这才是关键啊。

精神力量在体育竞技中当然重要,但只有守在技术根基的"仓廪"才是根本。郎平对此分得很清楚。

战胜东道主巴西女排后,郎平对记者说:"不要因为赢了一场就谈女排精神,也要看到我们努力的过程。女排精神一直在,单靠精神不能赢球,还必须技术过硬。"

等到接受央视采访时,郎平又说:"我很少和她们说老女排……我觉得不是靠讲故事或者什么心灵鸡汤能解决的,关键还是从平时的训练中就严格要求。"

谈到训练备战时，郎平说："我们的训练贯穿上午、下午和晚上，此外还要看比赛录像，所有球员都一起看，研究对手，我自己都看恶心了……大家都有一个信念，要坚持，要通过平时的努力和积累去圆梦。"

《管子》里又说："不处不可久者，不偷取一时也。"贪图一时的侥幸，怎么可以持久呢？没有日复一日默默无闻的大量工作，哪来赛场上的卓著成就呢？

奖杯与荣耀是不可能仅仅靠精神力量拼搏出来的，过硬的技术与灵活的战术组合才是物质基础。

何况郎平的组队策略还独树一帜。

六

郎平领导的这支新女排，貌似继承了中国女排的传统，实际上却跟传统女排有一个很大的不同——那就是郎平提出的"大国家队"的组队方式。

在郎平的女排团队中，主力阵容不再局限在六七个队员不变。每个人都是主力，同时，每个人又都是替补。替补与主力之间差距模糊。

郎平集训，常给出30个人的超大名单，联赛中表现优异的年轻球员几乎都得到了机会。于是，国家队聚集了很多不同技术特点的球员，战术选择也随之丰富起来。

《牧民》说的"国多财，则远者来"，放到郎平的女排团队上来说，"国多财"，不就是进入"大国家队"的机会多吗？"远者来"，不就是那些渴望上场的年轻球员吗？超大名单，不分主力替补，于是就有了更加多变的战术。

钱财充足好做事，武器多了好打仗，不同技术特点的球员多了，当然就有了更多临机应变、克敌的本钱。所以等到巴西奥运会，面对不同对手，郎平根据不同队员特点，摆出不同阵容，在同一位置上也常采用不同的队员组合，12个女排队员几乎都发挥出自己的长处。

《牧民》说的"地辟举，则民留处"，放到郎平的女排团队身上，就是多样的战术组合开发出来了，每个人价值都得到了开发，球员自然愿意在场上奉献一切，敢打敢拼，还得心应手。

于是我们看到进入淘汰赛后，郎平指挥下的女排多变打法总是令对手猝不及防：打巴西冒出刘晓彤，打荷兰冒出张常宁，决赛时又有袁心玥，更不用说MVP朱婷了。

《管子》说："使民于不争之官者，使各为其所长也。"内部充满活力，团队成员一心为工作付出，气氛和睦，靠的是团队合适的组织制度激发了每个人的价值亮点啊。

在一部叫好又叫座的现代大片里，配角戏份的精彩程度从来都不应该输于主角。

七

上面说的这些贴近人性的现代带队智慧，郎平已经做得很好了。但是，如果她做不好最后一个，那么上面的所有功夫也可能难有起色。

这就是管理人性的最后一个秘密，《牧民》心法第四条：以身作则。

原文写道："御民之辔，在上之所贵。道民之门，在上之所先。召民之路，在上之所好恶。故君求之则臣得之，君嗜之则臣食之，君好之则臣服之，君恶之则臣匿之。毋蔽汝恶，毋异汝度，贤者将不汝助。"

简单来说，就是领导人看重什么、提倡什么、喜好什么、厌恶什么，大伙儿心里都是明镜似的，也都会有样学样。凡是领导所贵的，我能轻视？凡是领导所先的，我能落后？反过来说，不可能你带头大哥天天打牌、夜夜笙歌，还能带动小伙伴们起早摸黑为理想奋斗吧？

最严格要求自己的那个人活该就是你，不然凭啥你做领导呢？

关于这一条，郎平作为前世界"五连冠"冠军，又曾经孤身负笈海外，历经世事磨炼，她不但本身就是队员们最出色的榜样，而且作为教练也是每次都会全力以赴地研究对手，钻研战术，汲取世界最新排球发展趋势，严格训练团队技术。

可以这么说，郎平无论是作为运动员标杆，还是作为教练表率，都完全可以打满分，哪里还须多说呢？

八

上世纪八十年代，袁伟民率领中国女排连战连捷的消息传来，振奋了祖国大地，北大学子们与媒体一起喊出了"学习女排，振兴中华"的口号。

那时的中国，社会疤痕未愈，百废待兴。人们打开窗户向外一看，发现又是落后世界那么多，那么远，所以迷茫，不自信，需要一些激发信心、振奋心灵的精神食粮。女排勇夺世界冠军的事迹可以说是恰逢其时，世界冠军带来的榜样力量足够振奋人心，她们证明了中国人一样可以在这个世界上攀上巅峰、做到最好。

到了今天，我们中国人在物质上与精神上都早已不缺乏信心，所以"中国女排精神"也必然应该有新内涵了。

新时代需要什么新精神呢？

是需要更充分地珍视每个个体的差异与价值，是人与人之间的相互尊重、温暖、礼让、光辉，是对人才资源的爱惜与合理合情的整合，是领导者首先以身作则、身体力行的榜样模范，是更加尊重科学规律、更加懂得以科技精神从事实际工作，更加需要在时间里耐心建立自己的核心技术，并根据时代趋势进行不断雕琢、积累、迭代与革新。

郎平率领下的女排看似那个中国女排，却已不是那个女排。当年的神话已是过去时，现在是转向现代新女排的时候了。

毕竟在变化如此之多、如此之广的大时代里，谁也不能一成不变地固守在昨天的发展模式里。

郎平的女排团队以尊重柔软人心的心法，吸收并融入国际化理念，以现代之姿当空飞舞，不但正当其时，而且赋予我们许许多多有益的启示。

这是女排新桂冠的意义，也是超越时间重新审视《管子》内在价值的意义。

谁才是这个时代的真心英雄？是每一个发挥个体独特价值的平凡的人们——以及珍视这种价值的人们。

组织
THE ORGANIZATIONAL MECHANISM

穿越传统黑洞

旧式人情关系，
为什么会侵蚀组织的未来？

一、当时转身惹寂寥

微信、微博、短视频等各种社交平台的兴起与繁荣，充分释放了无数个体自由表达的权利空间。于是，每天我们也就得以刷到各种各样的热点或八卦，一幕幕世间百态来来往往，无数的恩怨情仇起起落落，不断在我们眼皮底下上演着。

其中，大大小小组织内部纷争的热辣新闻也不时爆出。

例如类似哪个大企业哪个副总裁鞍前马后追随老板十数年，因为老板重用空降而来的哪个国际高管，感觉自己受了冷落，于是一朝愤而出走，跳槽竞争对手阵营，措手不及的该老板震惊之余，对着"敌营"就是一记"重炮"轰了过去，关系、是非、恩怨、情仇、利益在口水战的硝烟中横飞。

再例如哪个互联网公司的哪个创始合伙人与带头大哥因为发展方向意见相左，或者因为某件事心生嫌隙，此后郁郁不得志，而他也总感觉自身价值长期以来一直被严重低估，于是在该厂敲锣上市声中，套现全部股份，转身离去，另起炉灶，与前任带头大哥成了直接竞争对手。

又例如哪个演艺事业圈子里的哪个团队内部，徒弟因为待遇或机会方面的原因，旦夕之间发布数千字长文，愤而控诉师父的种种不是，声泪俱下坦陈自己遭受到的种种委屈，结果师徒反目，各自发表诀别声明，公告天下，从此老死不相往来。

诸如此类人间话剧时常上演，单个地看，这些当下发生的故事都是新鲜的，每个当事人都有各自不得已的苦衷，每个故事本身的是非曲直也都有各自的缘起因果，发生也就发生了，过去也就过去了，好像并没有什么不值得注意的。

但其实类似于这样的恩怨故事，中国历史上曾一再发生过。

翻翻史书，多少当初同舟共济的合伙人后来却势同水火。那些稍远的历史姑且就不谈了，就说晚近王朝的一些故事吧，例如：明末皇帝朱由检无端冤杀边关主帅袁崇焕，自毁长城；李自成枉杀大将李岩，令队伍从此人心溃散；晚清太平天国运动中，亲密的"天兄天弟"洪秀全、杨秀清、韦昌辉以一种近乎同归于尽式的内部大火并，毁掉整个太平天国都在所不惜……太阳底下，又有什么新鲜事呢？

这些悲剧的原因也许各有不同，有的是因为利益矛盾，有的是因为情义纠葛，有的是因为权力之争，有的是因为猜忌心发作，等等。

但发现没有，在这些剧烈的人事冲突中，故事中的各方其实在整体的大利益上本来都是一致的（即使是太平天国内部你死我活的权力争夺也不例外），可为什么当事双方却都没有一个能有平等协商的空间呢？更别说彼此坐下来好好谈一个合作共赢的方案了。

这些或大或小的恩怨故事散落在不同的时间与空间中，各自起起落落，看似互不相关，可是一旦把它们集结在一起，置之于大历史下探寻这些问题的出口，那么总感觉到它们背后似乎都有个阴影在晃悠着，似乎有某种暗能量或隐或现，左右着伟大人民的惯性行为。

它看不见摸不着，说不清道不明，却无声无息地发挥着影响，真真切切地关系着与制约着当代中国的组织、团队、个人的事业与工作。

它，就是中国旧式人事关系造成的组织黑洞。

它关系非小，而要理清它们，还得先从黄仁宇说起。

二、一剑霜寒十四州

黄仁宇先生在"二战"期间弃学抗战，加入过驻印远征军，在缅甸负伤后又到美国读历史学博士，其后做教授时虽然也有曲折，但正是有了这些颇富传奇色彩的实际经历，让他在思考近现代中国时有了书斋之外的更为开阔的视野。

他那中西合璧的历史观察眼界，大开大合而又细察秋毫，他的思考方式像是一把闪着冷光的剑，刺透历史现象背后的实质，形成他独特的"大历史观"。

他早前说，时下很多年轻人认为从戊戌变法直至1980年代，百年间，一位位率领近现代中国向前的时代人物都有着这样那样的问题，其实那是采取局外人的眼光、而又以个人的爱憎去评论中国事物，作片面的武断……但是，即使你对中国近现代史不满，我们也要看见，中国的革命如同一个长隧道，是需要几百年的眼光才能看得清的。

黄仁宇当时看到，中国两千年大陆农耕文明撞进近现代社会时，20世纪二三十年代时期建立了一个上层组织的外壳，四五十年代期间则创建了一个底层组织，但还需要建立一个中层组织，以求一个"三明治式"现代社会结构的完整。

黄仁宇先生作此论的时间背景是二十世纪八九十年代，而他所谓中国进入现代社会需要一个中层组织，其实在当时八十年代的中国已经开始发生。唯其如此，黄仁宇先生的这等大历史思维的观察，才真可谓犹如拨云见日。

我们一般人翻看历史，有的如同一台追随历史文字记载的复读机，有的如同徜徉在历史大江大河里随波逐流，有的如同做梦一样回到了历史的桃花树下捡起片片花瓣，基本上都是被历史事件本身所左右，跳脱不出来。好一点的，也仅仅像是一个历史电影大片的剪辑师，做了些解读的功夫。

但黄仁宇先生看历史就不一样了。他却如同站在高高的历史山上，俯视着山脚下的万顷良田，抬头仰望人世间的白云苍狗，静静地看着历史如烟，如流霞，如大江大河的奔腾不息。在这样广阔的视角下，黄仁宇把现在与未来延伸到了历史的宏大进程中，然后由之反溯到当初，由此在错综复杂的纷繁乱象之外得以理出一个头绪来，视角独立，令人叹服。

这样看历史的身手，就好像是一个平常很少亮剑、但一出手就能一招制敌的绝世剑客。也只有这样冷峻的锋刃，才可以穿透历史的乱麻，斩断世间乱象的荆棘，在层峦叠嶂中独辟蹊径，看见隐藏在历史表象背后的实质。

现在，我们就试着运用黄仁宇先生这样的"大历史观"视角，去追溯组织里人情关系的源头，去穿透幻象，去发现组织内人事关系矛盾背后的一些普遍规律，探索人治的大幕下的黎明微光。

当然客观地说，历史下的某种社会文化无所谓好坏对错，它一般都是历史本身的进化选择。下文论述的人治组织、人情关系，它们本身也是三千年大陆农耕经济趋利避害、自然选择的结果。

这里，我们就以大明王朝的一位内阁首辅张居正这个鲜明案例，来分析一下张居正是如何将它们发挥到极致的，而他的所有努力最终又是如何在这样的组织关系中消耗殆尽的。

三、功名如花人已去

如果把大明王朝比作一家超大型公司的话，那么张居正就任大明公司总裁时，老板万历帝朱翊钧才十岁。

万历他妈李皇后，将大明公司全权委托给了张居正，甚至包括教育朱翊钧的工作。张居正既是老板的老师，也是大明的实际掌舵人。

大明公司需要这个掌舵人。

在张居正就任总裁前，大明公司已经申请了破产保护程序。

张居正冷眼旁观多年，对大明公司的病根一清二楚。早在他当年愤而请假在家的三年间，他亲眼见到的民间饿殍遍野的惨状就深深刺痛了他内心。当他执掌大明事实上的权柄之后，他怀着菩萨心肠，祭起霹雳手段，四线出击。

他大胆启用天才将领戚继光、李成梁去对抗外敌；任用凌云翼、殷正茂平叛内乱；他推出酝酿数年之久的税制改革，以统一缴银的新税法替代了弊病丛生的实物税与民役，大获成功。

他的 KPI 考核也十分霸道。大小官员都得在年初制定工作目标与计划，备份到内阁，年底对照，铁血奖惩。在这样的凌厉制度下，官员们的工作效率唰唰唰就上去了。

他有无惧无畏的勇气、成熟的时局判断力、绝顶的治理才华，他在大明阴郁的一生中留下了难得一见的斑斓春光。大明公司也终于得以摆脱破产危机，渐渐复苏，一派勃勃生机。

然而一封邮件，却改变了大局。

万历四年，1576 年，大明 14 岁的老板朱翊钧收到了一封邮件——确切地说，是一封举报信：辽东分公司督查刘台，举报总裁张居正。

刘台罗列了张居正七大罪状，那其实多是些疾风骤雨改革中必要的措施，工作推进中常有的事。但件件看似没问题，却句句捅心窝。

张居正脸色变了。

这倒不是张总裁怕事。大明设有言官监察制度，又为了监督六部专门设立了"六科给事中"之职，举报这种事在大明也是家常便饭。可是举报张居正的人，既非言官、六部给事中，也非他的政敌或同僚，竟是他多年栽培、一手提拔的学生。

话说有许多人考不上大学，考上大学了也找不到好工作，工作了也没好机遇，有机遇也不一定轮得到，轮到了也未必有人支持，但刘台都有了。因为张居正的提携。张居正把刘台面试为"进士"，授刑部主事职；在他进公司两年后，又提拔他为辽东分公司督查经理。

依照儒家师生伦理，这位大哥你就算不对师恩心怀感激，也不用这么黑老师吧？再说你提供的"黑材料"也未必经得起推敲。然而刘台不但黑得大张旗鼓，而且还黑出了一副大义凛然的神情来。

刘台这么胆大妄为，不是张居正对他不好，而是因为张居正没有一直对他那么好。

刘台的辽东同事李成梁，打了大胜仗，刘台眼红，抢先一步写了份喜报寄到总部邀功。这种事在大明是很犯禁的，按大明公司制度，得降职惩罚。当然了，作为大明总裁，张居正也可以低调处理。

张总裁出于保护刘台的目的，并没有把他降谪；但因为刘台又是自己弟子，张总裁也不想贻人口实，落下徇私舞弊的把柄，同时大概是也想敲打、教育一下这个拎不清规矩的弟子，就对刘台予以公开训斥，通报批评。

这下刘台不干了。老师你怎能这样不给我面子呢？他越想，越是想不通，恼怒愤激之下，于是奋笔疾书，创作了一千四百余字的战斗檄文，举报张居正不但公然破坏创始人朱元璋留下的公司文化传统，还罗列种种证据声称张居正不把年轻老板放在眼里，把皇帝的权力都收归于张居正主宰下的内阁，专权跋扈，培植自己的亲信势力，拉帮结派，枉用无能贪腐官员；把皇帝对大臣的恩惠转变成张居正的，而把朝廷对大臣的处罚归咎于天子，以至于天下官民只知有张居正、而不知有万历帝；收买天下人心，控制御史舆论，打击同僚政敌，营私舞弊，等等。

刘台的这篇弹劾奏疏被历史留存了下来。要说这个刘台，也还真是有点才华的，细读他的劾疏，实是条理清晰，且还文采飞扬，整篇采用层层递进手法，每段结尾必有一句"祖宗之法若是乎？"如此连续重复六遍，排比句法刀刀见血，贯穿起一股排山倒海般的亢奋情绪，其中任何一项都是杀头的滔天大罪。

张总裁惊呆了。大明两百多年，恩怨与举报天天有，丑闻像天女散花一样多，可学生起诉老师这事，在大明闻所未闻。

起诉什么不重要，真相也不重要，重要的是在儒家伦理礼制下，如果连你的学生都起诉你，那说明你这个老师也实在是太缺德了吧，不然怎么会闹到这种违背伦理的地步呢？你还有脸混下去吗？这种丢脸大事件一旦出现，潜藏在暗处的政敌像鲨鱼闻到了血腥味、马蜂们被捅了窝一样，群起而攻之的效应立刻出现。

张总裁痛苦不堪，他在向14岁的朱老板提交的辞职报告时，长久伏地哭泣，说："刘台是我录取的进士，二百年来没有门生弹劾老师的先例，我唯一能做的就是辞职赎罪。"

刘台用私愤开启了一个恶劣的先例。两年后，在刘师兄的榜样鼓舞下，又跳出两个小魔鬼：刘台的两个同班同学吴中行、赵用贤，很滑稽地出来弹劾老师张居正工作认真得太过分了。

工作认真也有问题啊？有。

张居正亲爹病故了，按儒家礼制，他得回家守孝三年。可是大明公司的改革大业正在如火如荼进行中，老板又是个十几岁的少年，张总裁哪敢离开呢？于是吴、赵两位好弟子就以礼教纲常孝道的神圣名义，攻击他们的张老师。

多正义啊！大明公司圣徒们祭出的这款"伦理道德"武器，销量从来都是皇冠级，但没说出口的，是他们想要借机抬举自己。

这是一笔永远不会输的买卖。谁敢反对孝道呢？何况大明公司的传统，历来保护职业弹劾家。

历史没有记录张总裁是否因此怀疑人生，但可以相当肯定的是，这件事动摇了张居正的内心。张居正对他们辛辣的反制措施，也同样对大明朝纲造成了消极影响。

万历七年，即弹劾事件两年后，张总裁又下令关闭了大明公司64处书院。

由此，引发了更大的反弹，一个"倒张运动"的黑幕开启了，一场守旧势力反攻改革派的暴风雨来了。

万历十年，张总裁劳累过度去世。随后，朱老板万历亲政不久，就主持了对他有着亦父亦师之恩的张居正的大批判。大明公司由此轰轰烈烈地进入了全面清算"国贼"张居正的批斗运动中。

张居正十年当政，功高权重，不免傲慢张扬，个人私德也实在不算高明，这些正好给攻击者落下口实，于是暴风雨越来越猛烈：凡是张总裁实行的，都废除；凡是张总裁反对的，都支持；凡是张总裁的友朋与部下，都有问题；凡是张总裁对立面的，都成了好人……对此，《明史》"列传·卷一百零一"中的记载是，不但张居正所有的封号与谥号都被剥夺了，而且"居正诸所引用者，斥削殆尽"，张居正引荐的与使用的官员被革职得一干二净，而刘台也因此天亮了，"刘台赠官，还其产"。

在帝国的历史上，这种故事是不是很有熟悉的味道？正所谓"一人得道，鸡犬升天"，一人失势，那就是"树倒猢狲散"。

于是一场挽救大明公司的改革春风，彻底变成了冷飕飕的西北风，大明公司也由此重新启动了等死模式。

38年后，一个重度懒癌患者——荒疏国事几十年的万历帝去世了；又过24年，朱家最后一位老板崇祯帝自挂脖子于北京煤山，大明公司倒闭。

张居正的一生心血，全部付之东流。

但却不是没有意义。

四、欲飞无翼黯然收

看起来，张居正失败得很冤枉。

张居正曾经成功得如此明媚，大明公司也差一点因为张居正的努力而柳暗花明，然而它的命运却依然注定跌入污水塘。

身在其中的张居正不可能明白，失败，不是因为他做错了什么，而是他从出发那一刻起，他就注定要失败。

这种情形就如同母鸡用功孵蛋，母鸡立志要打破常规、孵化出一只凤凰来。小鸡破壳后，慢慢能走，长出翅膀，长出凤冠，会跳，会低空飞，看起来很有希望成为一只凤凰。但鸡蛋就是鸡蛋，它的结局早已命中注定，任凭那只母鸡如何费尽心机地努力，深情期盼，鸡窝里的蛋终究还是不会孵化出凤凰的。

张居正，就是那只努力的母鸡。

张居正天纵其才，是不世出的卓越政治家。他幼年即是闻名荆州府的神童，7岁通六经大义，12岁中秀才，15岁中举，23岁再中进士，进入大明中枢领导人序列……这其中有几年还是因为主考官担心他少年得志，将来难堪大任，故意让他落榜磨练他意志的。

要不然 20 岁前，张居正就跑进大明高层了。

这是什么情况呢？这是神话。

我们知道，许多人考了一辈子试都倒在了举人这一关。范进中举后为什么疯了呢？因为真的是难考啊！大名鼎鼎的海瑞同学，也不过 35 岁才勉强中举，这也是他一生最高学历，中举后的海瑞连考几次，就是考不上进士，最后没办法，只好认命去福建南平县教育局工作了。还有晚清名将左宗棠，中举后也是考不上进士。

张居正呢？长得帅不说，什么秀才、举人、进士，简直就像他家田里的白菜萝卜，随便拔取，先是神童，后是少年班大学生，接着是最年轻的大明中枢储备干部……如此奇人，几百年恐怕也见不着一个吧？概而言之，他是电，他是光，他是唯一的神话，他就是歌里唱的 Super Star。

张居正也没辜负上天给的才华。他的改革措施直击大明问题核心，并且也取得了实实在在的巨大成就。

本来大明创立二百多年了，按东方大陆农耕文明的历史发展规律，大明弊病已经积重难返了，也该改朝换代了。但张居正几乎凭着一己之力让大明奇迹般重新焕发青春，好像刚诞生了一个新王朝似的，如果继任者"萧规曹随"，沿着张居正制定好路数继续前行，那么大明公司再延长一两百年的寿命也不算是痴人说梦。

可惜，绝顶聪明的张居正，坚韧无畏的张居正，抓住千载难逢机会的张居正，位高权重的张居正，还是——失败了：大明依旧照着历史规律设定好的剧本演化，山河破碎，生灵涂炭，曲终人散。

优秀如张居正者，都叹息着倒在了传统人事关系黑洞的血色迷雾里，又遑论其他庸人呢？唯其如此，才更让人痛心。

不仅仅是因为帝国的历史里再无张居正，还是因为就算张居正假如是清正如海瑞、磊落如日月，没有这样那样的毛病，他还是会失败。帝国历史这把扫帚不是哈利·波特骑着的那一个，也许它能够扫除旧人事，却变不出新魔法来。

天若有情天亦老，可"天"哪有什么情呢？"天地不仁，以万物为刍狗"，苍穹之下，你生也好，灭也好，天都没什么意见，有的只是人间自己的潜规律：在辽阔大陆的传统帝国社会里，有太多的英雄人物与他们的事业不是倒在向前的漫漫征途上，而是祸起萧墙，突然亡于内部纷争的剧变中。

翻翻近一千来年农耕社会的历史，从北宋的王安石，到大明的张居正、晚清的"戊戌六君子"等，但凡改革者，收场几乎都不好。

这种传统人事关系黑洞，为什么永无尽头？

难道真像柏杨在《丑陋的中国人》一书中说的那样，我们中国人的民族性格里有什么"酱缸文化"，喜欢内耗，喜欢围剿自己的优秀人物吗？柏杨的观察与分析也曾让我默然无语。但后来随着阅读视野的开阔，我才发现那是老先生受限于他个人的历史眼界，只见眼前树木摇曳，不见身外森林穆然；只见近旁山头滑坡，不见远方群岭巍峨。为什么这么说呢？因为一个时期的社会乱象，你用一百年的眼光看，那自然是破绽百出；你用两百年看，也还是徒唤奈何；但如果你站在高高的历史山上，用黄仁宇先生的"大历史观"看，用五百年以上的视野远眺，就能看出端倪来。

所谓酱缸式内耗文化，那其实并不是我们民族什么根子里的顽疾，而是柏杨对许多社会表象难以索解之后的笼统归纳，也可以说是他在某种愤懑情绪之下的激烈呐喊，然而却并不是正解。

既然如此，问题的根源又出在哪呢？

这是因为在辽阔大陆的农耕文明人治模式下，两三千年的传统中国社会就像一台机器运行得久了，有一个危险的Bug，而张居正们拿出的杀毒软件却治标不治本，仅仅能维持这台机器的勉强运行，并不能够实现社会内在的迭代升级。

它既不是民族性格问题，也不是人的问题，而是社会运行机制本身使然，是非如此不可。

五、天地为笼人作鸟

两千多年辽阔大陆上的中央帝国的根基是农耕文明，它的运行方式与海洋文明不同。

海洋文明里捞生活的人们，四海漂泊，跟陌生人贸易，彼此没有信任基础，靠什么交易呢？只能靠纸上合同或者口头约定。所以渐渐地，这种所谓"契约关系"就演变成了人与人之间相互交易行为的纽带。这种关系当然也不一定总是可靠，违背契约的、赖账的、以武力巧取豪夺的也很多，但它仍旧形成了交易往来的一般行为模式。

长久以来，辽阔大陆的农耕文明所孕育的却是适应自身的另一种行为文化——人情关系。

"人情关系"像一个飞梭的针线，东连西引，就把大量不确定的、陌生的、存在变数的社会关系，慢慢地变为可控的、有内在联系的一张大网。网中关系千丝万缕，多头牵连，渐渐形成固定习俗，像一双无形的手织就一个坚硬襁褓，保护着陆地上男耕女织的脆弱子民。

辽阔大陆上的农耕文明，为什么要人情关系网来保护呢？

这是因为从耕种到收获，往往要耗时一年，其中任何一个时候被中断、破坏或是耕种者被迫离开，都意味着失去最终的耕作果实。一年白忙活还是小事，失去粮食要饿死人的。所以，稳定，就成了农耕的第一生产要素。

但是，暴雨洪灾、河流改道、干旱、蝗灾等天灾，外族入侵、盗匪抢掠等人祸，都随时有可能破坏农耕生活脆弱的稳定。

怎样才能保障稳定呢？

首先是一家人相依为命，共同耕种收获；其次是一族人相互帮衬，救急济危；再次是一乡人保家守土，抵御外患。

家人，族人，乡人，渐渐形成了牢固的命运与利益共同体，"人情关系"就在其中诞生了。而这种家庭、家族、家乡由内向外扩散的同心圆式人情关系，也在最低限度上保障了农耕生活对天灾人祸的抵抗力。

另一方面，农耕经济下的中央帝国出于统治需要，也有力地强化了"人情关系社会"结构的形成。

有一个奇怪的现象，历朝历代的帝国统治者都对可能导致"陌生关系"的迁徙都十分警惕。如果未经政府允许，没有通行证私自出行的农民就有可能被抓起来受法律制裁，他们被扣以一个统一的称呼：流民。

以现代眼光看，流民有什么不好啊？人流动，物流通，人力资源全国各地合理配置，起码能有快递小哥满街跑，生活多便利、人民多幸福啊。

那是市场经济条件下的事。

在农耕社会，流民的形成虽然大部分都是为生活所迫，但在统治者看来，流民们既无正业可务，也就无法安分守己，是巨大的社会隐患。事实上，历朝历代的造反与叛乱也大都发源于流民，例如汉末黄巾军，起于流民；唐末黄巢起义，起于流民；明末李自成造反，还是起于流民。

流民如此危险，就成了统治者的大忌。宋代政治家张师亮曾写道："禁迁徙，止流民"，元、明、清三代一律统统严禁农民私自迁徙。

帝国统治者推崇的是农民们安土重迁、身土不二，是在古老人情社会里安分守己，是被星罗棋布的关系约束，不越礼，不逾节，那才是本分。

禁了陌生人，剩下的于是就都是熟人了。朝廷对迁徙、出行的严格限制，导致大部分人一辈子都可能走不出方圆几十里。在如此小的范围内，基本上所有人都可以通过各种盘根错节的关系联系在一起。

这又反过来进一步强化了人情关系。不要说一个乡里，就是周围七八个乡，一打听，基本都能联系上个子丑寅卯的，全都是知根知底的。比如两个人路上起了冲突，打了起来，最后一理论，发现你的五舅妈的表姐夫的三哥，是他二姑夫的六姨妹的堂弟，原来大家都是亲戚啊，于是就有话好好说，和解了。

这就叫什么呢？不打不相识。

我们也特别喜欢攀关系。比如到外地问路，见到年纪大的就喊大爷、大叔、大哥或是大妈、大娘、阿姨、大姐,年纪轻的就喊老表、老弟、小兄弟、小妹;再比如一个 uncle,我们就有诸如伯父、姑父、舅父、叔叔、表叔、堂表叔、表姑父等分得极为精确的十八种叫法……那都是人情关系细细的展开与延伸。

这种延伸到了社会精英层面,还有诸如师生(主考官与科举考生,即座师与门生)关系、同窗关系、同年(同时期的科举考中者)关系、同乡关系等等。

就这样,人情关系网通过一层层的长触角,把农耕经济中所有的冲突、利益都在内部消化完毕。这种长期消化下来,结果进化出了什么集体行为特征呢?就是"关系"成了社会行为的主要路径之一,甚至是唯一路径:个人要在社会里安身、生存、发展、保障,先得"找关系""找靠山"。一些本来挺难办好的事,因为"走了关系",就可能办成了;一些本来很好办的事情,因为没有关系,就可能变得办不成。

所以一个人在社会关系网里属于哪个"网眼"是很重要的,它意味着生存立足点、保护与靠山。一个人要是没有了社会人情关系托庇,在传统中国的农耕社会里是很难立足的,那对个体来说真是很恐怖的事情。

这样的话,"人情关系"就不但是重要了,简直是人安身立命的基本要求。人情往来与维护也就成了生活中的大事。

一个人想做什么事情,不想做什么事,都得按照人情习俗来,有些事你不得不做,有些事你万不可做。

到得后来,维持人情关系已经不再仅仅只是实际生存利益的选择了,它渐渐演变成为一种品行上的东西。

"你懂礼数吗？"人们在心里问道。一个人如果不懂礼数，会被社会视为他品行有缺，或者至少是不会做人的表现，那样的话，他的前途就很可疑了。

与之相应地，人情关系社会的长期发展，渐渐就催生出了一套保障这种关系的配套文化，并形成了内容繁复的、精神约束力十分强大的一个习俗控制系统，无处不在，无远弗届。

统治者将它上升为至高无上的国家行为哲学，推行到整个帝国，并得到了民间社会的有力呼应，形成了家国同构的意识形态认同。

它发端于周朝的宗族分封制，大一统于汉武帝时的董仲舒，登峰造极于北宋的朱熹，将整个社会从上至下、层次分明地粘合成一个巨大的尊卑秩序分明的整体。

它保障了辽阔大陆农耕经济形态的有效运行，是两千多年大陆农耕文明的长期实践社会统一的结晶，同时却也是不断窒息农耕社会的囚笼。

它形大如天地，位尊如神明，无人能敌。直到今天，它的光芒与暗能量还无处不在。

它就叫作"纲常伦理道德"。

六、借道孔圣修成桥

很多人认为"纲常伦理道德"是孔子的发明。

但孔子本意是什么呢？他提出了以"礼乐"为外在表现方式、以"仁"为内在精神的政治愿景，梦想着恢复业已衰落的周朝宗族政治与生活形态，重新恢复宗族分封制下的稳定社会秩序。

但周朝已经支离破碎，旧的宗族分封制社会形态已经土崩瓦解。孔子生前，宗族分封制就已经面临严重的危机，其时不但周天子渐成徒有其名的"天下共主"，而且就算在各诸侯国内部，君主们也常常被实力派的武将架空，例如晋国被六卿分控、齐国被田氏把持等等；及至"三家分晋"之后，从魏国以"强君权"为主旨的法家改革开始，君王直辖的官僚派遣制已经逐渐普遍取代了周王朝的宗族分封制。从那个时期起，一种全新的中央帝国社会历史大趋势就已经不可逆地扑面而来。

因此，无论在孔子生前还是在他死后，这种政治理想其实都已不可能实现。孔子真正的伟大，在于他将"仁"这种主张提升到了一个精神属性的世界，变成了具有超越性的人类光辉哲学思想。

等到350年后，汉初的董仲舒忽然又把孔子旧梦搬出来，经过增删除、改造、加工之后，进行系统化迭代升级。董仲舒是要恢复孔子念念不忘的周制吗？他应该没有那个兴趣。董仲舒做的事情，是将孔子的儒家经典与阴阳五行内容熔为一炉，提炼出神权、君权、父权、夫权的理论，炼成一套"帝权天授""天人感应"的系统上呈给汉武帝，为帝国政权来源的合法性背书，从而运转好这台叫中央帝国的超级机器。

就这样，"纲常伦理"明面上被形容为上天意志在人间的显现，实际上成了与辽阔中央帝国最合拍的管理工具。孔孟的政治社会哲学的理想也被帝王皇权修修剪剪，包装成了说给"投资人"（臣与民）听的"情怀故事"（帝国权力的正当性）。

西汉覆亡之后，到了东汉中后期，董仲舒"天人感应"的儒学理论遭遇了严重挑战，因为世道的天灾与人祸现状实在太过残酷，任凭帝王大臣们如何努力、如何谢罪，"天意"就是不理不睬，"感应"屡屡失灵之下，董氏儒学于是破产，结果造成在随后的三国、两晋、五胡乱华、南北朝的三四百年大动乱期间，使得正统的孔孟儒学也沉沦不振。

到了大唐时期，李氏皇室不但拜认道家老子（李耳）为其先祖，且又信佛，于是儒学又长期徘徊于道、佛的阴影之下，但儒学终因其与中央帝国相辅相成的强劲生命力而逐渐复兴，并在两宋时期开始迎来全面繁荣，被称为新儒学的程朱理学也终于跳脱出羁绊，一直盛行到晚清。

程朱理学形成于两宋，真正盛行时期是在大明王朝。但是，作为新儒学的程朱理学，一方面固然是回到了孔孟儒学"心性论"的正道上来了，另一方面却又因为在社会实践中过度强调纲常伦理道德的至高地位，将儒家的纲常伦理道德刻板教条化，事事纲常伦理化，使之成为主导人心的不二真理，其积弊所至，囚禁了人性的活力、灵性与创造力，导致大明社会长期处于沉闷与压抑的状态，整个社会面貌死气沉沉，几乎将大明社会送进了没有出路的死胡同。

同时，糟糕的是，作为程朱理学及其后阳明心学盛行的另一个后果，大明儒家知识分子往往流于热衷空谈天理心性道德，却在具体社会事务层面疏于用功钻研，致使大明帝国的政治、经济、税收、军事等各项制度设计方面乏善可陈、百弊丛生，各种社会问题长期堆积却无从解决。

客观上讲，程朱理学当然有很多光辉价值，尤其是儒家本身是一种入世的文化（而非那种寄托于虚无缥缈的来世），强调人的生命的可贵（仁者爱人），这种传统中国的能量根源即使到了现代社会也仍然有强大的积极意义。可是，大明帝国社会以僵化的纲常名教要求人人化身伦理道德完美无缺的君子，那大部分人在实际生活中哪能做得到呢？整天张口天理，闭口纲常，而且往往在实践中还都以高标准"宽以待己、严以律人"，自己私底下都未必做得到的事情却拿去苛求别人，这怎能行得通？

程朱理学的理想固然是光明的，理念内涵也有诸多可取之处，但实践起来一旦过于脱离客观人性的现实，还用它强求于社会生活实际，其结果自然就是大明社会虚伪流行、谎言遍地，制造出一群群伪君子。

然而尽管明知大多数人都做不到，大明王朝纲常伦理的旗帜总是高扬在那里，需要时就拿起来挥舞一下。挥舞的人也特别理直气壮，每个熟读儒家纲常伦理道德典籍的人都显得特别自信，仿佛他既替天理、圣人和朝廷站岗，天下大道就都在他这一边，他好像忽然间拥有了无上的天赋神权，可以任意斥责他人不合伦理纲常道德的"不轨"之举或是"卑陋"言行。

这就是为什么大明一个言官也敢拿着祖宗旧制、尽孝守制等刻板理由去围剿王朝大改革家的原因，同时这也是让内阁首辅张居正有苦说不出的愤懑所在。

不是言官们举报的内容本身有多可怕，而是他们举起的旗帜太强悍。纲常伦理道德这种大杀器实在是至高无上的权威，帝国的任何一个英雄、群体、法律、事务都得臣服在它脚下。

比如"于情于理"，情就被放在法之前，情可以比法大；又如

"罪不容恕，情有可原"，法律上都该判刑了，因为纲常伦理的缘故就可以免了；明面上叫"法网恢恢，疏而不漏"，执行时也可以酌情"网开一面"，或者杀鸡儆猴，干掉一个吓吓得了，其他同犯者也可以既往不咎；明面上叫"铁面无私"，执行时也可以"法外开恩"，不要跟风俗人情过不去。

在纲常伦理道德面前，对同一件事、同一个人的处理，其实是没有原则与标准的。处罚重一点还是轻一点，甚至不处罚；提拔得快一点还是慢一点，或者不提拔，很大程度上取决于人情关系好恶，或者基于宗法社会世俗人情的考量与判断。

一旦纲常伦理道德说不行，行也不行，就算皇帝老子也得在它面前低头。比如大明公司老板万历想要改立太子，一群大臣说不行啊，不合纲常伦理啊。君臣双方于是为此斗争十多年，最后还是没办成，气得万历皇帝跟大臣们怄气，以至数十年不上朝，直到耗干了大明的气运。

纲常伦理道德说行，不行也得行。例如大明公司优秀的哲学家李贽，就在纲常伦理道德的低气压下愤而剃度出家了。李贽是多年小官，吃不饱，穿不暖，七个孩子夭折六个。可是当他回到家乡泉州，正值倭寇入侵，城里缺粮，按照纲常伦理道德来讲，他这种"大人物"就得要负担起三十几个族人的吃饭问题。这一下，本已在沉闷社会中找不到精神出路的李贽更加窘迫，也彻底断了对世俗的最后一点留恋。

这还不算最惨的。和李贽同时代的著名散文家归有光，要担负起吃喝的族人有多少呢？说起来挺吓人的：一百多人。就算开公司，一百多人也是不小负担啊。

奇怪吗？这一点都不奇怪。你路子最广，纲常伦理道德所在，你敢不为族人谋出路？舆论的吐沫就会淹死你。

七、江湖庙堂烽烟里

大家都成了纲常伦理道德的信徒，"君为臣纲，父为子纲，夫为妻纲"，热爱着它，歌颂着它，支持着它。可是从庙堂之高到江湖之远，大家拥护纲常伦理全都是觉悟有多高尚吗？朝廷以及江湖推崇这些纲常伦理，固然确有社会精神上的信仰之故，但隐而不能言的另一层缘故其实却是为了维护某种秩序与利益。

朝廷数千年如一日大张旗鼓地表彰忠臣、宣扬孝道、歌颂节妇烈女，归根到底还是"忠""孝""节"有利于驯服并锁定臣民们的心思、强化朝廷统治秩序。

例如，自然状态下的孝敬父母，本是血缘关系下的人之常情，父爱如山，母慈子孝，"慈母手中线，游子身上衣。临行密密缝，意恐迟迟归。谁言寸草心，报得三春晖"，这种父母子女之间的自然情感，无论是在以家庭为社会单位的东方，还是在以个人为社会单位的西方，从早期的远古社会直到今天，历来都被珍视与传承。但是，像传统中央帝国社会那样过分推崇忠孝精神以至于到了极其刻板的地步，这就不免令人怀疑它真实的社会意义了。

一个臣子效忠于皇帝，以至于被推崇到了刚烈愚忠的程度；一个人父母去世，依照纲常伦理道德的礼制，他就得在家守孝三年，在外为官的人也得在家丁忧三年；一个女子的丈夫去世了，她就得为他守节不嫁，甚至于有些女子仅仅是有了婚约还未真正结婚，一旦男方不幸早亡,她也最好终身不嫁以彰显"节"道,诸如此类,这些都明显不符合人之常情。

归根到底,还是帝国社会里的忠、孝、节代表的并不完全是真正自然状态下的亲密情感,而是分别对应了君权、父权、夫权的至高无上,它们又一道构成了一种社会统治秩序。

以孝道为例,孝道本为民间社会的基本家庭情感,但为什么长期以来朝廷还要一直无限热衷地推崇它呢?因为孝道这件事的背后还深藏着权力秩序的用意:凡是一个在家讲孝道的人,一般到了社会上都会顺从权贵、安分守己、不太会叛逆造反的。对此,《论语》里也说得很清楚:"其为人也孝悌,而好犯上者,鲜矣。不好犯上而好作乱者,未之有也。"就是说,一个孝顺的人基本不会犯上,不会犯上的人则又基本不会造反,这当然是朝廷最在意的事情了。

作为相反的例子,商鞅变法下的秦国崇尚刑法与战功,抑制孝道,强制父子分家,结果秦国社会上下的父子两家不但一分一厘利益都要算个清楚,而且父母子媳之间关系淡薄、甚至到了恶劣敌视的程度,那这又怎么解释呢?这就表明历朝历代的中央帝国需要通过崇尚孝道来维护与强化皇权一统,而战国时奉行法家制度的秦国却需要通过拆解大家庭得到更多"编户"、以实现更充分的战争动员。

再以义气来说,友情这种情感本来就已然是人生命中很重要的一种存在,既然如此,为什么江湖兄弟仍然还要摆上关二爷牌位、特别去崇尚义气呢?当然,江湖上一些结义兄弟间的深情厚谊所在多有,凭着义气结下心心相印的人间真情故事也留下了很多传奇。

但是，崇尚江湖义气主要的底层逻辑，还是因为可以用它去绑定利益，大家在江湖中相互照应，"有福同享，有难同当"，能够维护群体与个体的生存利益。

东方社会一向是耻于讲利益，却特别喜欢攀交情、谈忠心、讲义气，这固然也有人在社会群体里边的精神上或情感上需要，另一方面却也是因为很多现实利益都被掩藏进了这些纲常伦理道德里边去了。

这实际上是跟儒家"仁""义"这种核心精神是有很大差别的。"仁"是东方社会发展出来的超越性价值，所谓"仁者爱人"，为别人着想；依照冯友兰先生的说法，"义"者宜也，也就是一个事物应有的样子，仁与义是一种绝对的道德律，它没有条件，也不是达到任何利益目的的手段，仁本身就是目的。

但忠、孝、节、礼、义等伦理纲常在大明社会实践下来的情形就不同了。程朱理学在大明社会获得了最为充分的实践，但这种光明的理想在长期具体社会生活中却被实践得变了味，以讲纲常伦理道德的方式代替了实际利益谈判，这在大明王朝的实际社会生活中被发展到了极致，造成了明儒士人群体往往高戴纲常伦理道德的帽子，而将实际利益的争夺藏在大帽子底下，明面上反而表现出人人以谈利益为耻的样子。

那么问题就来了：如果一个忠孝的人，一个合礼合节的人，一个讲义气的人，忽然在某一件具体的事情上对你不利，与你产生了利益竞争，甚至是危害到了你的根本利益，那该怎么呢？你还赞不赞美、崇尚不崇尚、表彰不表彰他这样的忠孝、礼节、义气之人呢？

这是件非常非常麻烦的事情。

当辽阔大陆上的农耕经济社会发展出用纲常伦理道德替代利益的高明路数后,却并没有另外开辟出一条为解决利益冲突、意见相左的小径。结果,明明是利益问题,却没办法直接谈判,大家都只能藏着、掖着、憋着、伪装着。

大家都是胸怀治国平天下理想的孔孟弟子,怎么能沾染上利益的铜臭呢?士农工商,鄙陋的商人贩夫才谈利益呢,有道是"君子喻于义,小人喻于利"嘛,君子哪能敞开来谈利益呢?这里的"小人"并不是卑鄙的人,而是指一般的市井百姓,不过相对于"君子"来说仍然是个愚陋的群体概念,但谈利益的都是俗夫愚民那样的"小人"吗?这种论调就是要流氓了,你不说,还堵死了对方的嘴。

但利益不会因为你是道德爷爷就跟你姓,他是市井平民就走人。利益这种东西没有身份,没有尊卑,甚至也没有情感,它要么让步,要么交易,要么战争。

于是利益冲突之下,深陷纲常伦理道德漩涡里的人们既不可能敞开来谈判、妥协、心平气和地签署合伙协议,也不可能"双方协商不成、则到甲方所在地法院仲裁",纲常伦理道德的明面约束摆在那里,背后的实际利益冲突又是客观存在的,到底怎么办是好呢?

这就为传统中国社会的人事关系留下了黑洞。

最后也只有"以其人之道,还治其人之身"了——从纲常伦理道德里来,还是回到纲常伦理道德里去,很难有其他选项可以打勾。

它的巨大阴影足以吞没所有的人治光芒：你是九五之尊的帝王也好，你是沉沦下僚的小吏也罢，全都逃不出这个天罗地网。

八、他非白玉鬼神愁

现在，张居正就影响到了他人利益。

倒不是张居正的改革触动了多少既得利益者。张居正是个绝顶聪明的人，自然也很懂得怎么设计改革路线，怎么接地气去实现心中的抱负。但太聪明的人有个不好的一点，就是老以为自己是对的，而别人是错的，所以太聪明人往往会成为一个自我中心主义者，不太懂得去考虑大家的感受。

这在以纲常伦理道德为第一法则的人情关系社会，正是大忌。

比如说回到刘台抢报军功这件事上，按照通常的师生伦理情谊关系，张居正完全可以用温和的语气关照刘台要遵守朝廷制度，要注意做事的方式方法等等。如果张居正细心考虑到刘台的感受，他甚至可以一前一后写两封信，先发一封师生之间的私人信函，以师长的身份教育与勉励弟子做事不要浮躁、要踏实、有耐心等等，并告诉他朝廷不久之后将公开训斥他，使刘台提前有个思想准备；后一封则可以用朝廷内阁首辅的身份撰公文，走朝廷程序发出，按章办事。然而张居正就那么直接地在公开的朝廷谕旨里严厉训斥了毫无思想准备的弟子刘台。

又比如有人写诗拍张居正马屁，想借机谋份差事，按说张居正要是瞧不起这样的人，置之不理也就是了嘛，但张居正却讥讽说你这家伙花拳秀脚不堪大用，一边凉快去吧。

张居正也不把皇帝放眼里，说好的辅政却干成了摄政，也就是代替皇帝执掌行政大权。打工能把老板都打成了待业青年，你是有才，但老板心里什么滋味呢？

而且张居正大权独揽，业绩光彩夺目，这叫排队等着跟你轮岗的同僚们心里又怎么想啊？

于是总攻时间一到，弹雨烟花就漫天而下。

对事不对人？说得好听而已，全都是奔着人去的，全都是对人不对事，都是先从攻击张居正个人的道德品行下手。

这也不算是什么新鲜事了，都是套路。

早在北宋时，就连王安石那样个人操守无可指责的清廉君子，都曾经被大宋监察副部长人身攻击，说他大奸似忠、大佞似信，什么"外示朴野，中藏巧诈"。你要是说王安石的改革路数不对劲吧，那你就直接公开辩论问题嘛，或者大家一起开个讨论会，分析事情的对错得失，你无中生有去编排人家王安石私德做什么呢？

何况张居正还是行事招摇、私德并不咋样的人。

超级牛人张居正，五百年来中央帝国社会绝无仅有的伟大政治家，立马变成超级渣男，所有小黑屋里的丑事，都被放了出来——

比如张居正经常要求万历帝俭朴，他自己呢？在京城修建豪宅不说，回一次家探亲，也要不惜花费巨资专门定做了超级大轿，要32个人抬，里面有客厅、卧室、厨房，浮夸得没个边，就这样还一路招摇，对地方大员孝敬他的金银、田契、字画也不拒收；

比如张居正这人爱讲究。喜欢华服，打死也不穿有折痕的衣服；美食控，平时一餐百菜，摆满桌还嘀咕说不知道吃啥好；

美食控也算了，张居正还是美女控，养了不少歌姬美妾。据王世贞同学的小报告记载，张居正死于纵欲过度，五六十岁的人了，还大量服用猛药，流连于如花美眷之间；

他多少还利用手中权力，协助三个儿子高中进士，其中还一个榜眼，一个状元；

他手伸得是够长，护短也有一套。张居正对亲友团、甚至是仆人的违法乱纪也没见约束过；他提拔的干部殷正茂私吞了大量钱财，虽然据张居正说啊，正茂同志确实是有问题的，可他好歹能平叛啊，特么之前的那些将军钱财贪得比殷正茂还多，可见了叛军拔脚就逃跑啊……但舆论哪管这事，总之先攻击张居正的道德黑幕就是了。

而且张居正也确实没管好家人，朝廷去抄张居正的家，从他的儿子们与兄弟们的家中抄出了"黄金万两，白金十余万两"。

很快，改革英雄张居正就变成了扑街烂仔。

道德这么污的人还能干出什么好事呢？于是张居正所有的改革措施都是祸国殃民、蒙蔽圣听，都是为了大权独揽、乾纲独断、徇私舞弊。于是大家一致认为，此贼不破，天下不宁；此法不除，大明危矣。

等到张居正的变法措施终于都被废光光，是是非非都早已灰飞烟灭了，大明王朝也奄奄一息了，朝廷这时才慌里慌张地想起来给张居正平反：

《明史》"列传·卷一百零一"记载，明熹宗时，大臣里开始有人怀念张居正了；明思宗时，崇祯三年，礼部侍郎等人开始为张居正喊冤；等到崇祯十三年，已经上升到了开始赞美张居正了，尚书等人上奏说张居正"事皇祖者十年，肩劳任怨，举废饬弛，弼成万历初年之治。其时中外乂安，海内殷阜，纪纲法度，莫不修明。功在社稷，日久论定，人益追思"，就是说张居正不但是劳苦功高了，而且亲手创造了大明社会繁荣稳定、政治清明的大好局面，人们越来越想念他。

崇祯皇帝回应说，你们说得对啊。

可惜这个时候，流民来了，李自成来了，努尔哈赤来了，大明却来不及了。"我怕来不及，我要抱着你，直到感受到你的皱纹，有了岁月的痕迹"，歌里唱的《至少还有你》，大明至少还有谁呢？还有大清。

张居正最后一丝的改革痕迹都早已经烟消云散了，你还拥抱个鬼啊？

张居正那些有违大明律法的行为应被判罪吗？当然。事实都摆在那里，从法律上如果都已调查清楚，那么依律定罪就是了。但张居正违法犯纪是一回事，他施行的改革措施是另外一回事，理应一是一，二是二，何必非要给张居正扣上"逆贼"的大帽子、并因此非要否决掉他那些被证明卓有成效的改革措施不可呢？

退一万步说，一个私德有问题的人，是否就意味着他一定干不出大事业呢？恐怕也不一定吧。

不必说，道德君子中自然有很多杰出人物，例如魏征、文天祥、于谦；但道德君子也可能是个庸才，例如大明清官海瑞是当时的道德标杆，但屡次实践却表明他缺乏治理才能，连皇帝都说他不宜办理具体事务。

反过来说，历史上的许多英雄豪杰也可能品行有缺，但他们的英雄事业同样可以了不起。比如帝王级别中的人物刘邦、曹操、李世民，他们的私德都是有缺的；比如在大臣级别里，辅佐齐桓公称霸的管仲，其私德也不见得有多君子；再如汉初谋臣与丞相陈平也是私德有污；又如所谓晚清"中兴名臣"的胡林翼喜欢大搞权谋术、曲节奉承、刻意贿赂同省的满族昏官官文……然而这些人都在历史里留下了了不起的功业成就。

明珠是明珠，污泥是污泥，但如果明珠混在污泥里呢？

依律惩罚他的罪行，但保留他确有功效的措施，那是从污泥里捡起了明珠；因人废事，因人废言，那是将明珠与污泥一起扔掉啊。

然而在中国传统的帝国社会里，历史上的套路一贯如此，先搞臭人，再否决事，最后实现了利益地盘的争夺，大家各取所需，心照不宣。

不要说是区区一个天纵其才的张居正了，就是整个传统中央帝国摆在这个超级黑洞面前，也都会坠入万劫不复之境。

黄仁宇先生所著的《万历十五年》为何一再被人提及，就因为这本书用最平凡的叙事，最深刻地揭示了纲常伦理道德这个系统发展至登峰造极的地步时是如何活活闷死一个帝国的，那正如黄仁宇在后记中所言：天才首辅张居正失败了，稳重的大学士申时行失败了，廉洁明星海瑞失败了，哲学家李贽失败了，天才将军戚继光失败了，起初想有所作为的万历皇帝失败了，一个张口纲常、闭口伦理的道德名教社会失败了，一个被程朱理学"存天理、灭人欲"绝对化了的儒教乌托邦理想国失败了，一个社会实践的失败总纪录。

在那样的社会环境下，几乎凡是优秀的人物都不得善终。

因为纲常伦理道德与个人利益成了无法相互契合的对立面，而且还因为道德的大帽子就高高在上地摆在那里，利益还无法被公开言说。

可是，当我们再回顾张居正与刘台的那段恩怨往事所引发的大明社会剧烈震动，我们是否想过：如果一个公司不能容下最优秀的人才，无非是沦为行业二流，或者是有一天难以为继、被行业淘汰，但如果是一个社会不能容下最优秀的人才呢？大明王朝悲剧性的历史实践告诉我们，那实在是太可怕了。

纲常伦理道德笼罩在大明公司之上，像是一支不干实事却无处不在的"隐形水军部队"，它是足以搞垮那些想干事的社会精英的——也就是在一张纲常伦理道德的巨网笼罩之下，使他们除了心灰意懒与和光同尘之外，什么都进退不得。

实际上，大明公司各路朋党心里打磨着的明明都是利益的暗箭，却偏偏耍着一把叫作纲常伦理的明枪，结果在这张光芒夺目的巨网上，大家都不过是一个个扑腾的飞蛾罢了，而这张巨网也同时把大明公司拉进了死胡同。

时至今日，近400年过去了，我们的现代社会走出这个历史暗影了吗？

当有弟子用数千字的战斗檄文跟老师决裂，而不能坐下来聊聊师徒合伙新合同时；当追随老板十数年的副手眼见空降兵掌控了舞台，而自己不便与老板谈判而转身投奔竞争对手时；当吃瓜群众不断搬着小凳子，围观一个又一个热辣的内幕故事时；当国内有闻名科学家痛心疾首于"搞好科研不如搞好人际关系"的风气时；当许晨阳这样的数学天才在回国执教六年后留下三段话又离开，其中一段话正是关于学术界严重的论资排辈现象与年轻人之间的关系时……这个时候，我们就可以知道，想要修复辽阔大陆农耕文明时期留下的 Bug，并防止潜藏其中的这种古老病毒再侵入与自我复制，路还长着呢。

是的，我们不再羞于谈利益，不再以纲常伦理道德仲裁一切，但同时，传统伦理道德的人情化关系潜意识仍然普遍存在于人群之中。在纲常伦理道德的惯性之下，我们也几乎是出于本能，还是会试图以一个农耕社会下的人事关系去把握工业与信息社会。

可是一日千里的社会现状是什么呢？别说是信息经济文明时代了，就是工业经济的本质精神也都不再是人情关系，不再以纲常伦理为组织原则，而是在严格组织目标下的生产效率、精确的利润与以合同协商为基本原则的人事契约关系。

这种情形下，不论是当我们习惯性地以传统伦理道德打量、评判与要求社会精英们时；或者还是反过来，当社会精英们或多或少还习惯性地以忠孝义的传统情感试图去眷顾、感召与任用下属时，那都可能会埋下利益激烈冲突的种子。

九、谁见月下人影杳

在老一辈创业者中，柳老前辈与任老前辈可以称得上是泰山北斗了。他们都经历过艰难岁月，挨过饿，吃过苦，一个圆融如秋月，一个巍峨如高山。不用说，他们身上有着后辈年轻人没有的某些内容。他们当年也曾施恩于人，悉心栽培追随者，希望相中的接班人能因此对企业忠心不二；他们不断提升对方薪资待遇，给足空间，希望因此赢得人心。

但那两个年轻人却不那么想，所以早年间的任、柳两位老前辈后来都迎来了失望与痛苦。

柳老前辈当年相中了一个青年人，破格将公司营销重任委托给他，并期待着培养他成为集团的接班人，然而后来却亲手将接班人送进了监狱。柳老前辈悲伤地发现，这个年轻人好像并不想只做人家的弟子，他似乎更喜欢另起炉灶，当年有报道称他的营销部成了叫板师长的独立王国。当然他后来出狱后，请师长吃了饭，道了歉，拿到50万元创业资金，一路浮浮沉沉，许多年后，终于起了个很大的炉灶。

任老前辈当年赏识的那个年轻人是个天才，15岁就成了理工大学少年班的一员，到26岁时已被委任为公司常务副总裁，"少年心事当拏云"，于是这个年轻人在30岁时横下一条心，带人出走，成了母公司的直接竞争对手。六年后，任老前辈将他收回炉再造。此后他又再度离开，加入某互联网公司，后又再离开创业，一路波折，运气差到家。多年后，身为公司CEO的他涉嫌内幕交易在市人民法院受审。又过了许多年，出来后的他再次踏上了创业的新征程。

春花秋月何时了，往事知多少？

忠孝义的纲常伦理，恩深义重的人情关系，在遇到利益冲突时总是两难全。今天，为了接班人问题，有多少各行各业的带头大哥们仍然在夜晚独自徘徊？在风起云涌的创业公司，又有多少小弟们有意无意地布下收割联盟，忽然一夜之间带领旗下人马夜奔、与昨日大哥划下楚河汉界？

两千多年辽阔大陆农耕文明的巨大惯性，并不是三四十年市场文化可以消化完毕的。

传统社会修补不了的 Bug，现代社会就更加难办了。因为工业经济社会追求的是利润，是付出回报，是企业效益最大化，身在其中的人不可能不想着自己个人价值最大化；信息经济下的年轻人追求的是平等、参与、分享，是个人价值的实现……这种形势下，昨日纲常伦理的传统内容又怎么能填写得了工业与信息经济下利益的表格呢？

何况今日中国的辽阔大地上还同时并存着农业文明、工业文明、信息文明三种经济形态，它们可能是平行存在，也可能是相互杂糅形态存在。

这种形势导致的，必然是更复杂的人事关系。

或许呢，也可以更加简单。

十、却看新枝花满头

现在我们来做一个假设：假如不考虑是非对错，不计正常的离职，特殊例子也不算，那么一个企业合伙人、高管、技术大牛等精英人才为什么要背叛出他工作的企业呢？

大概只有两种情况：

第一种情况，是彼此价值观或经营观不同，不能兼容。他说前方应该往右，你说未来在左；我说基于兴趣的岛群经济将成为新常态，你说互联网就是要打破孤岛，共联共享；他主张重资产，掌握核心技术，你要轻资产小步快跑……那没办法，走不到一块去，只有分道扬镳。

第二种情况,现有企业环境阻碍了自己实现更大的个人价值、获得更大利益,或者是利益分配不平衡(包括实际利益与心理预期利益)。我追随你多年,一起做大了公司,你却重用外人,拿土豆不当粮食,心情低落,愤而出走;还有自己私下觉得某块市场有前途,或悄悄掌握了某种资源或某种技术,不愿意拿出来在公司共享,于是自己想出去另立山头。

用传统农耕经济下的人事关系思维索解,这两种情况都难有出路。传统农耕文明社会奉行的价值观是纲常伦理,身在其中的人们就像鱼群在湖中一样被水包围着,利益冲突常常被置于在伦理道德下说事。

用工业经济下利益计算办法呢?也不大好办。企业分家的痛苦,不是当事人或没亲眼见过,是不太能理解的。分财产还算好办点,但公司核心技术怎么分呢?客户怎么分呢?团队怎么分呢?可以说都是难解难分。最后搞不好就走上了同甘共苦、同床异梦、同归于尽三部曲。其中一方和平离开的局面自然最是理想,一方在新领域另打江山,这样彼此间多少还能保持一些情谊,或许还能在某一日把酒言欢,相逢一笑泯恩仇,但这种情形比较少见。

无论是哪一种情况,这类在外人看来好像富有戏剧张力的事情,如果给身在其中者开个忆苦思甜大会的话,估计会有成千上万个老板上台伤心落泪,那真是太不容易了。可甘苦自知,又没人拿枪逼着你非做老板不可,天大委屈也只能憋在自己心里。

但这些在未来应该都不是问题。

在未来,甚至在现在,在连接与共享的经济形态下,诞生的应该是新的人事关系文明。

首先,正在到来的未来社会,新公司将发生革命性的变化,共同兴趣就是构成公司的基因,合伙人团队就是兴趣的组合:你爱绣花,就和绣花的组成兴趣小组经营;你爱舞剑,就和舞剑的玩出个公司。价值观不一样的群体本身就很难玩到一块去。

这里也没有什么传统公司与新兴公司之分。颠覆一家汽车公司的,可能是个搞火箭发射的;打败一个传统巨头的,可能是一个初出茅庐的小鬼;改变一个行业的,可能是另外一个行业的某个意外发现。

所以,出于对未来不可知突变的危机感,任何一个大公司将来都会为精英人才提供各种各样的、名目繁多的兴趣团队。即便现在没做,也不代表未来不做;现在满不在乎,不代表未来就不会心急火燎。这就叫新一代的百花齐放,百家争鸣。

其次,正在到来的未来社会,也将酝酿出革命性的新工作形态。对于精英人才群体来说,未来不会再有"雇佣"的概念,你甚至不会在某个具体的地方办公,也不会再有任何企业愿意约束你去实现自身价值与利益。你所能从属的只有自己的内心,所能忠于的只有自己的梦想,所能实现的只有你作为独立个体的人生价值。

每一颗种子,都将成长为一个独一无二的生命。

未来社会有且只有一种情况,才是精英新人类心甘情愿效力的:企业的理想与自己的理想重叠,或者有较大的交集,可以在企业的大理想下实现自己的小理想,温暖自己的"小确幸",可以在企业大价值下实现个人的小价值——即组织之于个人的作用,同时也即个人之于组织的作用。

千百年来，辽阔大陆农耕经济惯性所及，传统人事关系中的"黑洞"仍然存在，但现代文明的花终将盛开。

明天的企业很难用人情关系的传统惯性思维去面对新世界的竞争，明天也没有哪位带头大哥会再用君上、主公、东家、老板的旧观念拥抱新时代，不会再用一种看待家臣、长工、跟班、雇员的旧眼光打量着新一代的青年精英。

在正在到来的新时代，传统的伦理纲常下的人情关系仍然有它必要的温度价值，仍然有它必要的理想霞光，却一定是在兴趣集合、价值共识与明确利益规则之下绽放。

以意识来说，比物的现代化更重要的，是人的现代化。伴随着人的现代意识与未来意识的进化，劳动人民在解放自己的过程中，也必将顺道穿越传统组织的人事关系黑洞。

那将是一种更深远的社会发展动力解放。

行文至此，在即将结束本文时，还必须要补充一个重要反思：这种解放在极大提升组织效益与释放社会动力、活力及创造力的同时，如果在传统纲常伦理道德已被完全解构情况下、现代心灵价值体系不能及时重建的话，这种充分扩张个人现实利益的发展动力的充分释放，必然又会带来另一种广泛意义上的物欲反噬之痛——正如你见到的一部分突破良心底线的社会现象：商业作恶、权力腐败以及市井之间的败坏。

当然，那是另外一个话题了。

* 集结小标题，补句试成一首旧体诗

新枝

当时转身惹寂寥，一剑霜寒十四州。

功名如花人已去，欲飞无翼黯然收。

天地为笼人作鸟，借道孔圣修成桥。

江湖庙堂烽烟里，他非白玉鬼神愁。

啄木飞火风呼啸，谁见月下人影杳。

山雾茫茫归何处，却看新枝花满头。

晁盖的拳头，宋江的道统：
论组织秩序的存在基础与漏洞

一

水泊梁山这家企业，长久以来都没有什么价值观。

起初，梁山只是个小微企业。创始人王伦虽然也拿到过一轮柴进大官人的天使投资，但终因自身胸怀与能力所限，让梁山公司在"拦路剪径"这一红海市场始终看不到什么前景。

但不能因此就否认王伦没有想法。王伦拉上几个弟兄上山创业，总还是有他自己的理念的。

王伦的理念有着浓厚的小农意识，叫作"小富即安"。

后来上山来的晁盖团队就不一样了。

晁盖本人就是"剪径"业界响当当的强人，豪爽勇猛，胸怀也大。他率领着吴用、阮氏兄弟、公孙胜等得力班底，携带着生辰纲巨额资本试图入股王伦，一起壮大梁山。在遭到王伦拒绝后，晁盖就用实际行动告诉王伦什么叫作强势资本，什么又叫作专业剪径。晁盖团队几乎不费吹灰之力，就鼓动起梁山小股东林冲的反水，内外联合将王伦踢出了局，以压倒性优势轻松控股了梁山。

晁盖将梁山公司经营得红红火火，人强马壮，粮草丰足，虽然不曾向外扩张，但品牌影响力在业界也是响当当的。

晁盖的事业理念也远非王伦之辈所能及，做事豪阔，气壮胆肥，非常吸引人，叫作"大碗喝酒、大块吃肉、秤金分银"。

然而，无论是王伦"小富即安"的小农意识，还是晁天王"大块吃肉"的豪爽气概，它们都不能叫价值观。

因为在它们背后都还缺乏一种东西。

这种东西叫作思想体系。

二

宋江最终也上了梁山，成了晁盖一起拦路剪径的创业合伙人。他们貌似一路人，其实却是有本质区别的两类人。

晁盖用以率领梁山好汉的，除了他在时间顺序上先成山寨大哥的优势之外，主要是他的豪爽气概、讲究兄弟义气与勇猛武力。然而梁山众人既然都身为绿林好汉，江湖义气多少也是有些的，气概与武力更不必说，要论这两样本事，恐怕武松与鲁智深等人都犹在晁盖之上。

宋江的气概与武力远不及晁盖，甚至连一般角色如阮小二、张顺之类估计都要超过宋江不少。

但为何早在刚上梁山之初，宋江的实际影响力就已远大于早已身为梁山寨主的晁盖了呢？为何一开始围绕在宋江身边的、心甘情愿服膺宋江的绿林好汉，也远多于晁盖手下兄弟呢？

要知道，那时宋江还是个刚刚被众兄弟从法场劫回来的死囚。

大伙回到梁山上后，一共40位头领，除了晁、宋、吴、公孙胜坐定前四把交椅之外，其他人都依宋江之意暂时不分排名先后坐下，晁盖手下先前旧头领人数仅有9人，坐在左边一排；右边一排为宋江带上山来的头领，多达27人，是前者的整整三倍。

一位是堂堂水泊梁山之主，一个是法场逃出的死囚，后者的江湖地位却是前者三倍之多（可能还远远不止），凭什么啊？

实际上，早在众人劫了法场、救出宋江不久，那时发号施令的就已经是宋江而非晁盖了。当时书中写得十分明白：获救后的宋江想要返回城去找黄文炳报仇雪恨，晁盖不愿意，认为城里兵多且已有防备，不如先回梁山聚集好军师和人马后再来报仇不迟。但宋江直接告诉晁盖"不要痴想"（注意这语气，简直是领导训示下级啊），说回去再来打根本行不通，这时一旁的宋江死党花荣马上附和说"哥哥见得是"，宋江也没管晁盖同意不同意，当即就自说自话地安排起具体行动计划来了。然后就没晁盖什么事了。直到宋江将众人"分拨已定"、几拨队伍依次摸进城去杀人放火、诛灭黄文炳全家四五十口，乃至大仇得报后退出城外、"分作五起进程"回梁山，这么长时间、这么大行动、这么整体的安排，晁盖在书中却自始至终没出现过一次。他隐身了，完全被晾在了一边。要知道这个时候的晁盖可是梁山一寨之主啊！而你宋江不过是个刚刚被大伙拼了命才救出来的刺配死囚。

晁、宋两人的江湖隐性地位之所以跟显性现实反差如此之大，从他们的江湖绰号就可以看出来了。晁盖的绰号来自他的过人臂力，他曾经独自一人蹚过大溪，夺了对岸西溪村的镇邪青石宝塔竖到自家的东溪村，所以当地人就呼他为"托塔天王"，他的爱好是喜欢热情接待来往的好汉，本质上只不过是一介勇夫的地方大哥。宋江的江湖绰号是什么呢？是孝敬父亲、仁义普施与泽被江湖的"及时雨"，又称"孝义黑三郎"，他的声名远播，折服鲁冀等省江湖好汉。

"孝义"的意涵十分明白，自然是不用说了；"及时雨"者，则意为天上的甘霖总能在人间干旱饥渴时普降而来，也就是江湖上受苦受难兄弟们的救星之意。

对比晁盖、宋江两人的江湖绰号，就可以看出他们的江湖定位。"托塔天王"形容的力气大，是武力；"及时雨""孝义黑三郎"形容的则是传统社会价值观。这就是说，晁盖呢，他只懂得跟兄弟们厮混在一起打打杀杀；宋江呢，他身上却承载着传统社会最为看重的核心价值——仁义忠孝。

仁义忠孝，对应的正是儒家道统的核心思想体系。

看出什么历史趋势来了吗？对，指挥刀枪（江湖好汉）的不能是刀枪本身（晁盖），而必须是武装起来的核心思想（宋江）。

三

晁盖有硬核的拳头，宋江却有硬核的思想体系，这是天壤之别的两种领导境界。

以刀枪本身来指挥刀枪，那这个社会就没谱了。它没有一种用于确立人心秩序的准绳、原则、法度与归依，比得是谁的枪多，谁的兵广，谁的拳头硬，谁更狠，往往以个人武力强弱论老大。

这种情形，体现在江湖，它就是黑社会；体现在朝廷，它就是军政府。它们带来的一定都是混战不休与社会动荡。前者如杜琪峰的《龙城岁月》《以和为贵》系列电影里的直白描绘，后者如古代中国北方草原上的游牧民族，或者是现代社会中的一些非洲国家。

而在《水浒传》里，除了宋江执掌的梁山之外，其他所有山头基本上都是这种以刀枪指挥刀枪的情形，例如早期梁山、桃花山、二龙山、芒砀山、快活林，等等。

早期的梁山寨主是王伦，但实力强大的晁盖七兄弟上山后不久就干掉了他，并取而代之；二龙山上的老大本是邓龙，但拳头更硬的鲁智深、杨志杀上山去，就夺过来据为己有了；桃花山寨主周通，打劫时输给了李忠，也就把寨主之位让出去了；快活林背后虽是官家撑腰分成，面上却也是看谁的拳头更硬，蒋门神打跑了施恩，武松又打趴了蒋门神，酒店老板于是不断换主……总而言之，在这些山头地盘（江山）上，都是你方唱罢我登场，城头变幻大王旗，靠的都是拳头硬。

唯有宋江，他不是靠拳头坐上山头第一把交椅的。

宋江用以统领绿林好汉的、吸收其他各地大小山头自愿归附的东西不是他手中的拳头，而是他长期身上亮闪闪着的、代表着传统中央帝国社会道统价值的仁义忠孝精神——尽管就真实内心与实际行为来说，宋江未必就比晁盖更仁慈、宽厚、讲义气。

更确切地说，宋江本人城府很深，权力欲望也强，功利心与杀戮心都很重，多次为达目的不择手段。这都是晁盖没有的。

例如晁盖做了梁山山寨之主后，初次派人下山打劫，他就一再嘱咐"只可善取金帛财物，切不可伤害客商性命"，完事后听小喽啰说"不曾伤害他一人"，"晁盖见说大喜"。晁盖的仁慈与宽厚由此可见一斑，书中对此还有许多其他事实描述。

反观宋江呢？且不说较之晁盖带队打劫时"劫财不害人"的行事作风，宋江在率队打杀行事时也远比晁盖心狠手辣多得多，就是单看宋江为达目的不择手段的行为做派就足够令人不寒而栗了：为了报复黄文炳陷害之仇，他率众不惜"把黄文炳一门内外大小四五十口，尽皆杀了，不留一人"，毫不怜悯地滥杀无辜；为了逼迫自己与晁盖的恩人朱仝上梁山，竟然密令李逵斧砍无辜的县官家的幼子，手段冷血残忍；宋江类似的手段同样被用在了卢俊义等其他目标人物身上，更可恶可怕的是，为了逼迫秦明入伙，宋江竟然命令华荣等人假扮秦明到处杀人放火，不但直接害死了许多无辜百姓，也害死了秦明全家老小……书中交代得明白，朱仝、秦明先后都曾说宋江这些行为"忒毒些个！"但在回答秦明时，宋江却毫无心理负担地说"不恁地时，兄长如何肯死心塌地？"这般种种做派，哪见分毫仁义之心？

这就是说，以梁山整体利益之名，为达具体目标，宋江内心可以歹毒到突破任何做人的底线。这其实很可怕。如果一个人只要自认为目标正义，实现目标的过程与手段就可以极端残忍，那么这种所谓正义的目标难道不是很虚伪吗？

宋江的虚伪，还表现在他嘴上谦让梁山寨主之位，却在实际行动上一刻不停地布局、揽功、制造抓牢领导权的既成事实，一步步架空晁盖，最后逼得晁盖气躁心浮，终亡于乱军毒箭。

实际上，宋江是传统中央帝国社会里典型的伪君子，他以"及时雨"的仁义号召江湖，其实不过是他收买人心的手段工具而已。

可是尽管如此，晁盖治下的梁山只是一般的江湖好汉的啸聚，图得也只是朴素的逍遥快活，而宋江治理下的梁山队伍还是有着明确的思想道统指引的。

宋江个人有些行为虽然不免歹毒，并不能代表被他引用的那个思想道统就没有社会价值。这就好比是佛法与寺庙，它有驯化欲望的社会价值，但在具体实践中却从来不缺乏披着佛教外衣胡作非为的恶僧。

从中国实际的历史（不是小说演义）来说，那些缺乏明确的儒家思想道统体系引导的帝国社会时期，具体而言，也就是那些儒家思想在人心内的崩溃时期，例如三国、两晋、南北朝、五代十国，这些时期的社会动荡局面与《水浒传》里的情形别无二致：不断有一个个山头的强人出来比试谁的拳头大、谁的拳头硬，于是引发一次次的混战，你来我往地争着做老大，杀掠，夺权，政变，无休无止。

中国历史上最近一次强人出来比试拳头的，是二十世纪初的北洋军阀混战时期，而那期间正是在西方近现代思想大潮的冲击之下、传统儒家思想体系大崩溃的尾声阶段。

相反，中国历史上那些凡是有着明确的思想体系引导的时期，也就是儒家思想主导社会人心时期，例如汉朝（汉武帝时期独尊儒术之后起）、宋朝、明朝（朱棣属于皇室内争）、清朝，基本上都没有什么地方军事强人想要跳出来挥舞拳头、动刀动枪地抢做老大的位置。在更遥远的周朝，其稳定性也来自于周人"尚德政"思想下的宗室分封制，一直到春秋早期，地方诸侯在思想上都是奉周天子为天下宗主的。

但大唐帝国如此强盛，为什么却不在上述归类之列呢？因为自从汉代董仲舒的"天人感应"的儒学思想在东汉末崩溃之后，中间历经三国、两晋、南北朝、隋、唐数百年，新儒学思想体系一直没有在旧思想崩溃的废墟上清晰孕育出来。

主导大唐帝国的思想体系是混乱的，有李唐皇室尊奉为祖先的道家，有玄奘大师赋能过的佛家，也有南北朝以来讲究烦琐章句为主的形式主义儒学，同时也没有一家能够长期占据主导地位。正因为正统的儒家思想无法主导隋唐时期的社会，所以李渊、李世民父子两代军事强人才会出来靠拳头夺取了建政不久的隋朝，中唐时期才会有军事强人发动"安史之乱"以及随后长期的"藩镇割据"，甚至于隋唐皇室内部伦理关系的混乱、相互残杀也是历代封建王朝中比较突出的。

以刀枪本身指挥刀枪，山头即使扩张得再大，往往容易发生内部动荡，也容易速生速死，难有稳定的社会人心秩序。例如春秋战国时期各个诸侯国，其内部经常发生政变，外部则是霸权不断更迭，再例如南北朝时游牧民族在中原建立的多个北朝政权、后期蒙古人的元帝国，等等。

这就是说，以类似儒家这样的硬核思想体系驯服刀枪，往往同时也能够在社会中实现思想大一统，并且这样的社会也能比较长久地稳定运行。

宋江用以驯服刀枪的思想体系，并不是他自己发明的。但这并没有什么关系，只要那个思想体系一直住在宋江心里、萦绕在宋江脑海里、潜伏在宋江梦里、落实在具体行动里，它就能够成为宋江凝聚江湖人心、号召绿林群雄、指明梁山企业前进方向的一面大旗。

所以你看王伦、晁盖治下的水泊梁山公司，它啥时候在山上竖过什么旗帜吗？你没看过吧？是的，只有宋江领导下的梁山才高高竖起了一面大旗：替天行道。

"替天行道"四字，就反映了儒家思想体系。

这四个字非比寻常，不仅仅要说明白"道"到底是什么，连"替、天、行"三个字也必须逐字逐字地说明清楚。因为其中的每一个字都极为重要。

四

小说《水浒传》写于明朝，描绘的故事则发生在宋朝。

两宋王朝重文抑武，社会经济与文化繁荣之外，事功上并无多少值得赞叹之处。然而两宋在中国历史上却至关重要、无可替代，重要程度甚至可以说是高于大唐王朝——因为大唐社会在思想层面并没有什么值得称道的内容，而正是在两宋时期，影响中国至为深远的"程朱理学"孕育了，诞生了，成长了，直至发展完备，成熟定型。

"程朱理学"的核心人物是北宋程颐、程颢兄弟与南宋朱熹。二程兄弟在周敦颐、张载思想基础上发展出了一个初步的哲学框架。朱熹是集大成者，完善了这个思想框架，丰满了骨肉。

"天"，在程朱理学中，是宇宙万物一切存在的本源，是发育万物的根本。

"道"，是"天"的本性，所以也叫天道、天理。

那么"天道"究竟是什么呢？根据朱熹的说法，"天理"就是

"所当然而不容已,所以然而不可易"。

啥意思?也就是说,天理,就是理所应当的那个理,它是不可变的,不以人的意志为转移的……嗯,好像不太明白他讲的是啥吧?一些专家的著作对此有过解释,如劳思光先生说"所谓'理',指超时空决定之形式及规律,固为形而上者";如杨立华教授认为"朱子的'太极'和'天理'就是天地'生生'的'必然'和'应然'……天理是'所当然'的具体化。"

他们大概是说,天的起源(太极或无极),这种超经验的存在叫作"理",也就是"天理",它是万物的终极道德归依,也是发育万物的"生生之理"。"天道",也就是天理这种道统,就是指上述这样一种客观的实有存在。总而言之,它就是宇宙本源,其特质是"上天有好生之德"。

如果弄不明白这些学术语言,还可以进一步参考朱熹的一些原话,朱熹说:"所谓天理,复是何物?仁义礼智岂不是天理?君臣父子兄弟夫妇朋友岂不是天理?"他又说:"为父子者有父子之理,为兄弟、为夫妇、为朋友,以致出入起居、应事接物之际,亦莫不各有其理。"

从朱熹的这些话里,可以看出程朱理学里的"天理"实际上就等同于"三纲五常"。

"行",就是落实"天理",使得"天理"在天地人间充沛流行的那些行动与实践。

为什么还要一个"行"呢?如果不"行",难道"天理"就不能流行充满于天地人间吗?是的。

因为"天理"是一种形而上的东西,它是没有办法单独显现的，它必须要由承载它的形而下的有形之物去作为才能体现出来……这么解释，听着是不是又有点晕？那打个比方说"善良"，善良它怎么体现呢？它必须附着在人们某种具体的善的行为上才能体现出来啊！如果你没有具体的善行善言善事（哪怕是微不足道的小言行），那怎么体现你善良呢？

那么，"天理"是通过什么形而下的附着物体现出来的呢？"理"它就自己生出一个附着物来，这个东西就叫作"气"，它是有形的，"理"就承载在其中。

于是天地之间充斥着的形而下的"气"，而"理"就在"气"中。"理"和"气"是须臾不离的，就好比是数据离不开硬盘，人的思想情感离不了肉身一样。

但麻烦的是，这个"气"呢，它却是浑浊不清的，善恶在其中难解难分。它在禀赋上大约也有点儿类似于弗洛伊德说的"本我"，它在人的身上所对应的是"心"，程朱理学说"在天为气者，在人为心"。气的清浊，人心的善恶，它们都是难测的、不确定的、流动的、随时变化的。

而且，根据程朱理学的说法，"理弱气强"，意思就是那个动物性的本我人欲总是旺盛的，而天理却是处于弱势存在的地位。

正因为如此，这就特别需要去"行"，只有通过不断地"行"，使得"理"在"气"中显现出来，流沛在天地之间，这样才能恶隐退、善彰扬，才能让人间得以走上正道。要不然怎么说"人间正道是沧桑"呢？正道，那是要通过时时刻刻不断奋力去"行"才能够实现的。

"时时刻刻"这个状语很重要，它刻画了一种人欲与天理在人心之中对立的紧张状态。因为一个人心念上只要稍有倏忽，盛"气"就会凌人，人欲就会压过天理——这就是为什么儒家要强调说君子要"慎其独也"，又说要"思无邪"。（有关理气关系的详细论述，可参见余英时先生相关著作）

慎独，思无邪，便是无时无刻都不得不防止"浊气"上升、淹没"天理"之故。这对应到我们今天的现实生活中，大概就是说无论是在企业中还是在事业单位里，都得一刻不断地保持"正气"当头，稍一松懈，那败坏就会发生，大概这就是为什么反腐工作要常抓不懈、片刻不能放松的原因了吧。

相反，如果不去"行"，那就麻烦大了。因为"理弱气强"，处于弱势地位的"理"就会被"气"压制下去，就会被弥漫的"气"淹没掉，因此"理"它就不太容易自己出头。又因为善恶在"气"里浑浊不清，如果任由"气"本身流行，那样的话，天地、人心、社会之中就容易形成一种天"理"不彰的世界：邪气盛行，人心昏暗，贤者隐退，小人当道，世道败坏……总而言之，那样的情形它就特别糟糕了。

所以儒家士人就必须积极入世，去"行"，去改造社会，去主持公道，让天理之道在人间显现出来，除恶镇邪，让天下由邪气盛行的无道之地变成正气流沛的有道之世、正道之世。

最后，"替天行道"为什么是"替"呢？

这是因为"天"是有意志的，但"天"自己没有办法将自己的意志实施出来，"天"的这个意志必须经由它在人间的代表——仁人志士的行动去体现。

"替天行道"四字所反映的，正是程朱理学构建起来的这样一整套体系完备的、逻辑严密的新儒家思想体系。

当然了，程朱理学的宏大体系不是一篇文章几段话就能够全部说明的，而且就算全部说了，江湖兄弟们也不易听得进去。不过不要紧，宋江可以将它们换成浅显一些的话去向梁山上的兄弟们宣扬："替天行道"就是忠孝仁义、除恶扬善、除暴安良、救厄济困，等等。

这么说虽然不是那么严谨，不是那么全面，但是它通俗易懂啊，江湖兄弟们拥护就行！这就好比说如果玄奘法师宣讲大乘佛教的《瑜伽师地论》，世间众生当然不易听懂，但如果像金庸武侠小说里的那些高僧那样双手合十，对大家说些"阿弥陀佛！善有善报，恶有恶报，不是不报，时候未到"之类通俗的话，那么大家大概就晓得了、心有所向又有所敬畏了。

五

回顾五百年来的人类历史，可以发现一个社会的物质基础是来自于现实的不断进化，而维持社会秩序的基础则大体来自三种：或拳头，或以某种思想体系为支撑的价值观，或拳头加价值观。

什么叫文明社会？文明的对立面，是野蛮。文明社会，就是说构成这个社会的秩序基础不再是比试谁的拳头大小，不再是以暴力仲裁结果，或至少这个社会已逐渐从拳头向着某种价值观开始过渡、转化——直至拳头暴力基本被价值观驯服，一种有温度的价值观基本主导整个社会秩序与人心。

一个社会如果有着基本的天理，且这种天理还能够大体上在现实生活中的主要方面体现出来，那么这个社会就是文明社会了。同样，如此这般的组织与团体也就是一个文明的客观存在了。

梁山好汉上山造反，本身是暴力集团，因此梁山秩序基础自然不可能少得了暴力，但在《水浒传》里，当梁山的领导权从晁盖手中过渡到宋江，那就意味着梁山上秩序的基础逐渐开始向"拳头加价值观"过渡与转化了。此后，梁山好汉们依然一路打打杀杀，但梁山暴力行为的组织目的性却显然跟之前打家劫舍不可同日而语了，他们开始有了明确的组织信念诉求。要论这个时期的梁山英雄们下山打打杀杀的性质，其实跟晚清时期曾国藩领导下的湘军并无太大的根本性区别了：宋江在梁山上竖起的旗帜，是"替天行道"；曾国藩用以率领湘军人心的旗号，是抗击太平天国拜上帝会的外教、拯救儒家道统。虽然宋江、曾国藩他们在打打杀杀时仍然是残暴的，甚至暴力蔓延的范围更大，但组织的性质与目标都跟一般的暴力团伙大不一样了。

回顾中国历史上那些所谓从"乱世"到"治世"的时期，实际上基本都是将社会秩序的基础从"拳头"转化为儒家"价值观"的过程。

不过，儒家思想大一统能够比较有效地结束拳头暴力下的混乱状态，建立社会秩序基础，实现社会相对长期稳定运行，却并不意味着有这样价值观的社会本身就不会出大问题。

六

使拳头的晁盖中了毒箭，奉行"替天行道"价值观的宋江最后也不得不饮下毒酒,《水浒传》到底说了什么?

《水浒传》,首先是一本讲述"拳头"终将被"价值观"驯服的书,然后更是一本展现"程朱理学"价值观在社会实践中如何溃败的书。

先看晁盖。

晁盖固然没有价值观,他带领兄弟们大碗喝酒,大块吃肉,称金分银,是畅快释放"人欲"的路线,但人欲路线的晁盖最后也死于人欲——他被人欲情绪控制了。

宋江的存在,宋江一次次主动上前的"替哥哥代劳",不断地给晁盖带来权力的压力:每当晁盖要有较大的行动时,宋江总是连忙说什么"哥哥是一寨之主,如何可以妄动?小弟情愿代哥哥走一遭",一次两次还能说是宋江作为小弟懂礼知"悌",但次次如此,给晁盖带来的就是莫名的烦躁与郁闷了。最后,当宋江再次率领大队人马下山,打下了祝家庄大胜归来后,晁盖终于无法忍受,于是就愤然带上林冲、阮小二等旧部去打曾头市,结果心急气躁中了对手的埋伏,中计又中毒箭,最终郁闷而亡。

这显然是充斥身心的"人欲"路线败给了儒家"仁义忠孝"的天理路线,是说"本我"的拳头终将被"超我"的价值观替代。

再看宋江。

宋江为什么名字叫宋公明呢?因为程朱理学的开启者周敦颐在其《通书》中有一章叫作《公明》:"公则明",他说人只要不公,就必然不明。人为什么会不公呢?因为逾越本分的"人欲"多了,所以"失其至公"。

然而,奉行儒家"仁义忠孝"公明价值观路线的宋江,在小说里也没落下好结果。宋江带领一众江湖英雄好汉打来杀去，终究还是一步步地、又无可奈何地走上了灰飞烟灭的凄凉不归路。

在《水浒》这部小说里，宋江一腔热血实践程朱理学价值观的结果，在一群伪君子的宫廷权谋面前，在无数真小人唯利是图面前，在裙带关系交错的昏暗官场面前，最后还是走投无路，只有大溃败。

这像是一个提前预知的寓言。

《水浒传》写的是发生在宋代的社会昏暗故事，作者施耐庵则生活于元末明初，但是他书中的故事后来却被大明王朝充分实践程朱理学的情形所证实：理学纲常伦理道德系统发展至登峰造极时，大明社会只能因循守旧，新事物萌芽被遏制、扼杀，实际生活中的利益与伦理冲突没有解决通道，士人群体高举着伦理道德的旗帜谋求着利益实际，结果导致大明社会伪君子盛行、腐败丛生、朝政糜烂而又没有新出路，于是活活闷死了大明帝国。

可以说，这是一种价值观思想体系既实现了大一统、又密不透风地长期控制社会人心之后带来的必然反噬。

为什么会这样呢？

七

因为我们可以看到，作为一种社会思想体系，任何一种价值观本身都首先是来自于某种对社会现实的深刻反思与假设。

比如儒家思想，就是孔子在春秋社会的现实经验里观察到诸侯国之间的混战是来自于周室的社会秩序"礼崩乐坏"，他经过长期深刻反思，于是就得出了"克己、复礼"可以使得"天下归仁焉"的思想假设，从而推出了儒家以"礼乐""仁"等救世的价值观。

再比如说"五四运动"的先驱诸君，他们基于百年来的惨败社会经验，观察到近代中国器物、国力与民智等之所以全面落后于西方，认为根本原因是在于制度与文化落后，于是他们得出了"打倒孔家店""德先生（民主）""赛先生（科学）"可以救国的假设，虽然他们仓促之间没机会因此创造出一种思想价值体系，但其背后逻辑也可见一斑。

同样的逻辑，程朱理学规定的"天理"究竟是不是宇宙世界的本质呢？其实那也是基于当时对两晋南北朝以来流行的佛家尚"空"、道家尚"无"等社会思潮的现实深刻反思，是在此反思基础上建立的一种思想"假设"。

但对于实际社会不断发展的客观现实来说，任何一种主观的思想假设长期运行下来之后，都不可能不存在漏洞。

原因很简单，主观的假设乃是基于已有社会现实经验的反思，由于无法看见未来的实际发展，这种假设对于远方的展望就不可避免地存在着浪漫化假想的倾向。可是另一方面，现实世界却是在永恒变化与不断发展着的，所以即使是论证再严密的社会思想体系，也终有一天在客观社会中跟不上实际生活的变化。

比如经济学中，亚当·斯密的自由主义崇尚用市场这只"看不见的手"自由调节需求与价格、建立一种自发的社会经济秩序，国家只需保障基本的社会安全与和平、法律执行与最低限度的公共事务，而无须干涉一般经济事务；凯恩斯主义则相反，他从需求与就业的关系出发，为了解决需求不足的问题，主张放弃绝对经济自由主义，代之以国家干预，以国家的公共投资拉动内需。

孰是孰非呢？以我们今天现实世界的经验观察回过头去验证，就可以看出亚当·斯密的古典自由主义、凯恩斯主义各有合理性的优长，也各有漏洞。

本文作者是不太懂经济学的，但是只需从历史的角度看看，也大约可以看出些端倪了——

亚当·斯密的《国富论》写于1767年，那是个什么时期呢？正是早期工业革命如火如荼发展时期。彼时，新兴资产阶级旺盛的市场创造力、政治权利诉求、个人财富当然都需要得到最大限度的保障，所以市场自由主义当然会受到热烈追捧。

凯恩斯主义的代表作《就业、利息和货币通论》出版于1936年，那又是个什么时期呢？那正是第二次世界大战爆发早期。彼时，从1929年到1933年席卷了几乎整个西方资本主义国家的"大萧条"危机不仅导致了大规模的失业，也动摇了社会关系，摧毁了执政当局，直接孕育了世界性战争，这种情况下，主张政府积极干预市场经济的凯恩斯主义当然会大受欢迎了……始于1933年的美国"罗斯福新政"不就是这么干的吗？待到二战后，战争废墟上的欧洲百废待兴，这时要让政府不积极干预市场以促进经济发展那才是有鬼了！凯恩斯为啥被奉为"战后繁荣之父"？那正是欧洲经济思想的久旱逢甘露的必然，也是时势造英雄的必然。

以大历史观看，即使作者这样不懂经济学的人也能清楚地看到，无论是亚当·斯密的古典自由主义，还是凯恩斯主义，他们思想的立论基础无不来自于对当时客观社会现实经验的深刻反思，他们对未来经济的思想又都是基于这种反思的一种假设——所以我们在今天的现实中都看到了，他们中任何一人的思想都有明显漏洞。

正因为如此，单一地、偏执地、长期地在现实社会中执行亚当·斯密或凯恩斯中的任何一家思想主张，都不可能不出现积弊。

这就像一个软件系统长期运行之后会出现某些 Bug，会积累冗余，一种思想长期地、大规模地应用于社会实践之后，也会不可避免地出现这样那样的问题，也可以使得社会机器的速度越来越慢，直至有一天突然死机。

程朱理学，或者说更广泛意义上的宋明理学，当然也不能例外。

近八百年来，对中国现实社会影响最大的价值观，莫过于宋明理学。宋明理学是怎么发展来的？是隋唐以来一代代有识之士们目睹了数百年间佛教东传、在中原社会不断兴盛乃至其尚"空"的出世思想全面笼罩于全社会上下，他们因之忧心如焚，为了对抗佛教，这些仁人志士于是前赴后继创造出了宋明理学。

正如此前文章所说，东汉王朝后期，董仲舒"天人感应"的儒学理论遭遇了严重挑战，当时社会天灾人祸频频，犹如末世降临，可任凭帝王将相们如何以实际行动诚心悔过，"天意"就是不肯原谅人间，"感应"失灵之后，董氏儒学于是不得不破产。可一旦社会人心不再相信"天意"，没了价值观主导，暴力法则就是社会的必然选择，于是此后接踵而至的就是三国两晋南北朝数百年的大动乱、大劫难。

这期间，中原社会的思想真空主要被传入东土的佛教以及本土的道教所占据，所谓"南朝四百八十寺，多少楼台烟雨中"，正是其时佛教思想盛况的体现。这种情形到了中唐以后，终于引发了知识分子的大反思，以韩愈的《谏迎佛骨表》《原道》等文章为肇始，唐宋八大家倡导古文运动，奔走呼吁复兴儒学，终使儒学在两宋时期开始迎来全面繁荣，被称为"新儒学"的宋明理学也终于被创造出来。

宋明理学实践起于宋朝，但真正盛行的是在明清两朝。但无论是它在大明王朝的全面实践，还是到了晚清时面对近代新文明的冲荡，宋明理学都由于自身的问题而导致冗余太多、进而承载不了内外压力而致使系统两次大崩溃。

但其实早在宋明理学最为盛行的大明王朝时期，宋明理学就因其刻板教条化禁锢了大明社会的活力与创造力，大明社会面貌也因之长期处于压抑、沉闷、死气沉沉的状态，整个帝国社会找不到新出路。

这就是说，即便是在宋明理学全盛时期的大明社会，漏洞就已经存在了。

这将在下一篇文章《心有猛虎，如何细嗅蔷薇》中展开分析。

心有猛虎，如何细嗅蔷薇：
论群体道德的不可假设

一

长久以来，武松一直在寻找一样东西。

这个东西叫作"天理"。

武松出道后一路都以神勇武力示人，徒手毙虎、斗杀西门庆、醉打蒋门神、血溅鸳鸯楼、铲除恶道飞天蜈蚣，凡此种种，都给人们留下了一个愤怒复仇天神的形象。

然而细读《水浒传》，却可看到武松实际上是个老实的本分人。他处处尽力遵从纲常伦理，守礼不逾矩，凡事都想按着朝廷法度来。

武松是如何处理他遭遇的一系列事情的呢？我们来仔细盘点一下《水浒传》里写武松的细节：

一、潘金莲温酒色诱，他泼酒呵斥她不识羞耻，怒目圆睁说自己是顶天立地的男子汉，不是败坏人伦风俗的猪狗；

二、武大郎被毒死，他查明真相后，规规矩矩到县衙告状，首先想到的是走正常法律诉讼程序；

三、告状没有用，只好靠自己武力替兄复仇，但斗杀西门庆后他并没有逃跑，而是到县衙自首，认为自己"犯罪自当其理，虽死而不怨"，仍然是遵纪守法；

四、刺配流放孟州途中，十字坡张青劝武松结果了两个公差，去二龙山落草，武松却说两个公差一路服侍自己，他若那样做，"天理也不容我"；

五、到了孟州牢营后，囚徒提醒武松要准备些金银好处给差拨官，以免吃杀威棒的苦头乃至枉自送命，武松却昂身而起，情愿挨上一百杀威棒，也断然拒绝行贿；

六、投奔二龙山路上，经过孔家庄，宋江邀请武松一起去花荣的清风寨，武松婉拒，坦陈自己犯下人命大案，会连累宋江与花荣，这反映了武松心地朴实，义气深重。

最后，还有一个重要的细节需要特别注意到：武松连续遭了陷害、被迫返身报仇雪恨杀了张都监家上下十五口人后，武松心里想着的还是遵守纲常伦理——那就是他在出了孔家庄、辞别宋江时是这么说的："天可怜见，异日不死，受了招安，那时却来寻访哥哥未迟。"请注意，《水浒传》里"招安"这个词并不是首先出自于宋江之口，而是武松在逃亡路上时第一次提出来的。

这就是说，直到穷途末路了，武松还是在努力想要回到一个正常社会里做个安分守己的好子民。

然而，武松怀着美好与善良投奔社会，一次次的努力，一次次的坚持，得到的却是一次比一次更加冰冷的残酷现实。

其实就算到了现代社会的今天，我们应该多多少少也都会有一些类似的人生经验。我们一路从小学、中学到大学，课本上教育我们的都是要真善美、讲真话、做真人、乐于奉献、见义勇为、大公无私、高风亮节；老师与父辈谆谆教导我们的都是要诚实、善良、守信、礼让、正义、处处为人着想……然而当我们进入社会以后，直到摔打得伤痕累累，才明白有不少时候"童话里的故事都是骗人的"。

到得后来，现实里的你如果还能一直保持着一颗赤子之心，还能一直做到不睁着眼睛说瞎话、不昧着良心做生意、不违心做人做事、不谄媚告密、不损人利己、不弄虚作假、不偷奸耍滑、不行贿受贿、不诈骗盗取、不赖账烂尾、不恃强凌弱、不巧取豪夺、不危害公共利益……甚至你能自己不上当受骗、不幼稚犯傻，那已经就算是个了不起的大好人了。

现代中国社会应该是一千年来这片土地上的最好时期了吧？但即便如此，课本上的理想与现实世界还是有相当大的反差。

武松教育程度应该不高，但从他能胜任一县都头、会写字这两件事上，可以看出他至少上过一段时间私塾，多少受过一些儒家理论教育。武松由此笃信儒家的天理纲常，并努力在实际生活中兑现，想要做个真正言行合一的正人君子。

然而，现实社会却一次次"教他做人"，告诉他：武松你太幼稚了，那根本行不通。

武松是虚构的角色吗？是的，他是个小说里的人物。

但武松这个角色的"人设"却并非是没来由的，他是中央帝国社会里少数"道学先生"的真实写照。

二

像武松这种洁身自好、嫉恶如仇、严格遵从程朱理学教义、坚决做到言行合一、认死理不拐弯的"人设",在现实社会里还真是有的,大明王朝的海瑞可以说是完美对号入座。

海瑞嫉恶如仇,仗义执言,甚至是敢于直接抨击皇帝本人施政失误、迷信误国、生活奢华,气得明世宗看了奏疏后说:"快把他逮起来,不要让他跑了",结果宦官说:"这人是个傻子,不会跑的,听说他上疏前连棺材都买好了,已经跟妻子诀别过了。"

海瑞也洁身自好,吃粗粮,穿布衣,全家人都穿着打了补丁的破破烂烂的衣服;平时饭菜就别谈什么鸡鱼肉蛋了,直到老母做寿,海瑞才舍得上街买肉二斤;为了解决县衙的生活困难,海瑞老婆过去当厨子,老仆上山砍柴,海瑞自己则动手在院子里开辟一块菜地,亲自种菜。

海瑞也绝不放过身边任何一点有违"天理"的人事,拒绝人情世故。就任淳安县令后,他对县衙上下一切灰色收入坚壁清野,隔绝一切常态的收受下级供奉的行为;当他就任应天巡抚的消息传出后,地方上一些下属吏员都因此吓得辞职跑了,豪门权贵吓得把红色马车漆成黑色,钦差大臣吓得减少跟班随从;明神宗时,72岁的海瑞任南京右都御史,属下御史偶尔戏乐,海瑞也要按明太祖法规予以杖刑,于是百官恐惧。

海瑞的全部所作所为,全都是遵照宋明理学的思想教导去做的,他一心一意地要把接受的"天理"理论落实到行动里。

武松与海瑞是如此相似:武松拼尽全部生命能量,宁肯送掉性命，也要以拳头神力对抗一切有违"天理"的社会现象；海瑞放下全部个人利益得失，以大无畏的殉道精神在捍卫"天理"的路上一往无前。

但是他们的结局是什么呢？结局是他们都无法容身于当时社会：武松被迫披头散发做了个不伦不类的道士，落草为寇；海瑞同样一步步把自己推进了死胡同。

海瑞走到后来，连他满腔热血效忠的大明皇帝都说他只适合做个高悬的好牌坊、而不宜派他办理实际事务。海瑞一生实践天理之心可昭日月，可是他对纲常伦理的绝对执行、对刁蛮刻薄母亲的绝对孝顺服从，却导致了他先后休走了两任妻子、虐死了两个妻妾，几个子女也陆续早早夭折，家中透着一种可怕的气息。海瑞本身去世时也可谓是凄凉至极，同事王用汲看到他家中只有葛布制成的帷帐、破烂的竹器，不禁悲泣，凑钱为他办了丧事。

武松与海瑞为什么跟帝国社会环境如此格格不入？那是因为他们对"天理"一心一意地遵循与不折不扣地落实，既违背了帝国社会普遍存在的客观现实，也违背了基本的人情人性。

大明王朝确实也有少部分官员廉洁自守，例如在"土木堡之变"中挽救大明江山于既崩的名臣于谦就特别清贫照人；但总体而言，心照不宣的贪腐才是大明社会的普遍现象，例如在冬夏两季，地方官一般都会分别以所谓"冰敬""炭敬"的名义行贿六部京官，早已成为官场惯例（行贿受贿都能编排上如此清新脱俗的美名，面子上倒也不失纲常礼教的尊卑秩序）。

像海瑞这样苛刻地依照"天理"自律与律人的极端案例，大明三百年间也就出现一个。海瑞刻板地奉行三纲五常伦理要求，对待妻妾儿女刻薄到近乎无情，也同样是律人的极端表现。

"极端"是对"一般"的高度归谬。极端个例越是显得突兀，恰恰越是说明它违背了一般常态。

三

所以，一般常识是什么呢？

第一，以个人行为而言，常识就是：纯粹追求形而上天理的只是少数人的虔诚（甚至不少宗教徒也是欺世盗名之辈），自私自利才是大多数人行为的基本动机，实现、满足与扩张"人欲"是大多数人社会行为的基本常态。

所以，一个社会的运行机制，一种天理道德的内涵，如果不能将这种"人欲"的基本动机与基本常态纳入到合理的轨道上去，甚至于排斥它们，那么长期运行下来的结果，这种社会机制和天理道德必然会被大面积破坏和悄然违背，于是不可避免地，很多人的社会行为就会表面一套、背后又一套，即平常既能以天理道德的君子自许，又能毫不违和地扩张人欲——或在功名利禄里搏命打拼，或在贪嗔痴里流连忘返，或在吃喝嫖赌里纸醉金迷。

大明帝国社会当然也有一些真心诚意践行天理、至死不渝的真正士君子，但就整体来说，大明社会一直在源源不竭地产生一批批伪君子。因为在程朱理学天理昭彰的境界里，一个人既以君子自许，那么他平常就必须要恪守"取义忘利"之道——就是说，大明社会普遍的道德内涵是不能接受君子们自私自利的真实面貌的。于是，大批士君子们只好勉为其难地戴上面具去完成生活中的表演。

这样，法度在暗地里被普遍破坏，道德在明面上左支右绌。最终，法度与道德双重败坏的局面又将大明王朝推入到了崩溃的边缘。到了这个时候，王朝就需要出现极少数的英雄来奋起对抗与挽救。但由于上述底层逻辑在传统帝国社会里无法改变，所以那些奋起"挽狂澜于既倒、扶大厦之将倾"的英雄们又往往会沦为悲情主角，留下落寞身影，即便表面上看起来他们能够有所作为，但实际上他们最终还是很难冲破罗网。

除非这些英雄们能重新开天辟地，创造一种新的社会运行机制与一种新的道德内涵，否则，如果仍然在传统帝国社会里因循守旧地左冲右突，那么想找到出路基本是无望的。

所以，武松这样的传奇故事并不是值得赞美的英雄壮举，而是映照北宋王朝晚期时人欲横流、官场与民间社会双双败坏的可悲；海瑞这样极端自律与律他的人物也不是值得跪拜的青天牌坊，而是天理与人欲长期冲突、大明社会已败坏到无可救药的讽刺。

健康的身体不需要神医，健康的社会也不必出现武松式的或海瑞式的传奇。实际上，在一个良好的社会生态里，不会总是诞生愤怒英雄的，也不会总是不断出现极端冲突行为的。

第二，以社会或组织运行而言，常识就是：在人欲与天理长期冲突下，要阻止败坏的普遍发生，只能在深刻认知一般"人欲"常态的基础上，从源头上设计出一种真正经得起时间检验的良性激励与基于底线制约的运行机制，而非不切实际地寄希望于哪种"天理"道德、幻想人人都能被教育成超凡入圣的君子与楷模。

仅凭天理道德，是阻止不了社会或组织败坏的。

比如以传统帝国社会而言，就很难指望"正人君子"们以清廉高洁的品行守护社会公正。但凡有些乡间基本生活经验积累的百姓，他们仅仅凭着感性的生活常识就能知道县衙里那些明镜高悬的匾额多半是自欺欺人的假象，所谓"三年清知府，十万雪花银""县衙大门朝南开，有理无财莫进来"才是世态真相。在《水浒传》里，甚至屡屡有这样的情节：就连一个囚犯抵达流放地之前，都得事先预备好打点的银两，否则牢头的杀威棒就会将他打得半死不活。

第三，以价值观而言，常识就是：任何一种"天理"本身的创造与确立，也同样必须是建立在充分认知"人欲"的基础之上，而非过度理想化到需要不断去逆反人性的程度。

如果一种"天理"总是弄到必须去不断对抗"人欲"常态的地步，那么不论它有多高尚，有多光芒四射，最后仍然大概率是徒具表面形式，只有败走人间一途。

这样的"天理"实践，放到海瑞身上是如此，放到武松身上也是如此，放到整个大明社会仍然是如此。

实际上，武松这样的人如果真要生活在现实社会里，他根本就活不到上梁山，甚至是活不到上二龙山。张都监作为快活林酒楼的幕后收租人，以他笼络武松时所表现出的心机与手腕，他怎么可能会大费周章地让你演到大闹飞云浦那一集呢？他只需安排下人在武松日常饭菜里下毒就可以轻松结束剧情了。

四

我们再来看看与武松、海瑞相反的情形。

就在武松一路寻找一种叫作"天理"事物的同时，潘金莲却一直在寻寻觅觅打破"人欲"囚笼的人生窗口。

若不是传统帝国社会的纲常伦理道德如此逆反人性，以潘金莲那般姿色，她和武大郎又没有什么超越物欲的心灵世界相互吸引，那她怎么可能嫁给既矮丑木讷、又贫穷又无多大事业抱负的"三寸丁谷树皮"呢？就算被迫嫁了，她以后怎么可能会不离婚呢？在一个世俗社会里，假如"天理"与"人欲"能够相互契合，潘金莲完全有大把机会自由寻找属于她的爱情，而不至于被迫在人欲的牢笼里压抑多年。

然而，仅仅是"夫为妻纲""在家从父、既嫁从夫"这两句纲常伦理道德的天网，就吞噬了潘金莲的全部人生希望，就将她牢牢锁死在了人生的黑夜里，而且没有出口。

因此，潘金莲并不是特别可恨，而是十分可怜。她的青春生命里既没有爱情，也没有光，更可怕的是没有希望。

潘金莲实际上是一个比武大郎更为可怜可悲的受害者，一个生而无辜的、继而无助的、终而惨败于纲常天理的祭品——她无法在人生的牢笼里找到合理的正常的出口。既然没有堂堂正正的路可走，她又不想让生命荒废在灰暗长夜里，于是只能走上不归路了。

从这个角度来说，潘金莲端给武大郎喝下的也不是什么砒霜，而是一碗叫作"夫为妻纲""既嫁从夫"的纲常伦理毒药。

可以说，害死武大郎的并不是潘金莲，而是逆反人性常态的纲常伦理道德。武大郎和潘金莲都是受害人，都是一个被刻板教条化的纲常伦理压抑到几近窒息的社会悲剧。

本质上，潘金莲和宋江的悲剧模式虽是相反，但在底层逻辑上却是一致的：潘金莲以一个人的行动试图去冲破"夫为妻纲"的纲常伦理囚笼，结果惨败而亡；宋江则是率领大队人马试图恪守"君为臣纲"的纲常伦理教条，同样集体惨败而亡。

如果以这个逻辑去思考，那么《水浒传》里的英雄好汉与寻常百姓之辈的悲剧本质都是一致的：有的因个人不断抗争天理教条而失败，如鲁智深、潘金莲；有的因个人努力恪守天理教条而失败，如武松、林冲、杨志；有的因集体抗争天理教条而失败，如方腊起义；有的因集体恪守天理教条而失败，如宋江带领梁山好汉求招安。

	抗争天理教条	恪守天理教条
个人	鲁智深、潘金莲、施恩等人	武松、林冲、杨志、燕青等人
集体	方腊起义、晁盖造反	宋江招安

这些小说中被重点刻画的角色，无论是个人还是集体，无论是抗争还是顺守，他们的实践全都以失败告终了。

就是说，在更深层次上，《水浒传》这部小说其实反映的是这样一件事：程朱理学的纲常伦理在具体社会实践中被刻板教条化之后，因其逆反人性常识、内在逻辑中无法安置"人欲"扩张冲动，最终导致了它与社会本身一起双双大溃败。

五

既然传统帝国社会里的这种"天理"是如此逆反人性常态，那么武松在《水浒》那个世界里也就注定找不到什么"天理"了。

武松一心想要寻找"天理",结果处处碰到的却全都是"欲望":兽欲(景阳冈老虎),色欲(潘金莲与西门庆),贪欲(县令与牢营差拨),利欲(张都监),权欲(霸占山岭的恶道"飞天蜈蚣"),控制欲(朝廷借"招安"之机的利用与算计)。

这就是为什么武松与海瑞一路认认真真践行程朱理学"天理"、到头来却在处处"人欲"面前碰得头破血流的原因所在。

《水浒传》之所以能成为传世名著,不仅仅在于它描绘了笼罩在程朱理学纲常伦理道德下的社会败于人欲横流的荒诞情状,更在于它揭示了一般的人性常识。

不论是虚构小说里的武松,还是现实社会里的海瑞,陷入如此境遇的又何止是他们两个人?当宋明理学被刻板教条化、纲常伦理成为主导人心的不可碰触的天条,当逆反人性的天理成为囚禁人们心灵的大法器,当一个社会肌体内"天理"与"人欲"的矛盾冲突到了不可调和的地步,最终导致的必然是帝国社会里的精英群体像是一个个被天理罗网缠绕的飞蛾,越挣扎,越是动弹不得。

不妨再回顾一下大明王朝社会的历史,看看缠绕在这张天罗地网里都有哪些人:一代大改革家张居正在朝廷上下的声讨大浪中,被塑造成了心怀叵测的"国贼";一代抗倭英雄戚继光南征北战之后,却落得个被弹劾、罢免、郁郁而终的凄凉下场;一代边关名将袁崇焕被猜忌、逮捕、凌迟处死,群众抢食其肉;一代富有创新思想的哲学家李贽削发为僧后仍然没有出路,最终被以"离经叛道"之名围剿、下狱,绝望之下以一把剃刀割喉自杀……当然,还有更多数不胜数的大明王朝精英这般黯然消逝。

实际上,弥漫在海瑞家里的那一股诡异可怕的气息,在本质上更像是整个大明王朝社会的一个镜像缩影。

在宋明理学那个"存天理、灭人欲"的纲常伦理道德大囚笼里,大明社会的大部分精英都不过像是一只只左冲右撞的困兽,无路可走,不得善终。

对此,《水浒传》在一开篇其实就有相对应的描述了,开篇出场的两位大宋社会精英的命运正是隐喻了这种不祥征兆:八十万禁军教头王进为官场所不容,被迫远走他乡,最后从主流社会遁隐,不知所终;另一位禁军教头林冲被刺配流放,又被一路追杀,最终在风雪山神庙外被迫造反,上了梁山。

六

这样分析下来,是不是要全然否定程朱理学呢?并不是。

程朱理学的诞生,是有它巨大的历史价值与意义的;程朱理学的内涵,也是有它光明部分的。

程朱理学真正的问题在于:在它所倡导的"天理"世界里,并没有留下妥善安放"人欲"的足够空间,没有在逻辑上设计好"天理"与"人欲"相克相生的辩证关系,反而以"存天理、灭人欲"的教旨将二者的关系隐性地对立起来。

这在实践里是必然要栽大跟头的。

程朱理学又被称为"新儒学",客观上讲,从儒家理想来看,仁、义、忠、孝、悌等儒家精神当然有着很多光辉的价值。

儒家本身是一种积极入世的、而非那种寄托于虚无缥缈来世的文化,它强调的核心是"仁",仁者爱人,重视人生命的可贵。这种文化传统的能量根源，即使到了现代社会也仍然有着强大的积极意义。

可是在大明帝国时期，程朱理学发展到了以僵化的纲常名教舆论要求人人化身道德完美无缺的君子，使得"人欲"与"天理"形成了隐性对立，个人欲望与利益诉求难以在"天理"世界那里找到安放空间，这就让大部分士人带上了沉重的精神枷锁，让他们中的很多人在实际生活中都不得不化身为戴上面具的伪君子。

程朱理学的核心人物是朱熹。《礼记》有"存天理、灭人欲"之语，而朱熹的主张正在于此，他认为"人欲"与"天理"既一直纠缠于一个人毕生生命里，又始终处于彼此对立的紧张关系中，二者永远在拉锯战。这当然也没有错。我们大部分中国人，乃至世界上大多数国家的人，直到今天也依然如此。

朱熹说"圣贤千言万语，只是教人明天理、灭人欲"，又说应当"革尽人欲，复尽天理"，为什么呢？因为"天理人欲，相为消长，克得人欲，乃能复礼"，他说"人只有个天理人欲，此胜则彼退，彼胜则此退，无中立不进退之理"，那意思就是说只有人欲少一分、退一步，天理才能多一分、进一步。这种理念本身确实是光明的，引导人心向着"超凡入圣"的路子上走，不必说，此种光辉熠熠之境自然是很好的。

诚然，朱熹这里讲的"人欲"，他也特别说明并非指人生命中必不可少的基本欲望，而是指那些过分的、过度的、超常之欲。为了怕人误会他的本意，朱熹特别指出正当的生命欲望即是天理，他还为此举例说饮食是天理，要求美味则就是人欲了。

可是，纵然如此，假如我们抛开那些真正力行克己修身的理学家、少部分返璞归真的人们不谈，以大多数普通人而言，"克制人欲"的理想主义也仍然是不切实际的。

不论在何种社会，当一个人基本的生命欲望得到满足以后，他必然会想着追求更好、更高级、更丰富的欲望。这种一般人都会燃起的"人欲"，对大多数人来说，如何可能靠冥想"天理"去克制呢？

例如当一个人每天挤公车、挤地铁时，他可能只是希望有辆简朴的代步轿车；可是等到他有了代步轿车，开了几年之后，他往往就会想要换辆中级轿车了；等到他拥有了中级车一些年之后，他却又想着高级的豪华轿车了……这类普遍的人欲在一般人那里俯拾即是。就算朱熹举例批判的贪求美食那种人欲，在今天不也早已被人们视为自然之理了吗？饭店餐厅固然以美食为宣传关键，人们日常也往往以美食招待朋友为礼，美食、美服、美物、美用、美景早已创造了巨大消费市场，拉动了社会发展内需。

朱熹生逢南宋积弱社会，朝廷上下却还声色犬马、醉生梦死地享受，那首"西湖歌舞几时休、直把杭州作汴州"的愤慨之诗就出自跟他同时代的林升笔下。以当时南宋社会危机的现实而言，确需全社会上下、尤其是精英阶层克制人欲之中的贪婪、放纵、荒疏，聚精会神地去救亡图存。这没问题。

但到了程朱理学真正盛行的大明王朝时期，结果却发展成主张大家都去克尽私欲、都往做圣人的路子上去，张口天理，闭口纲常道德，而且往往在实践中还都以高标准"宽以待己、严以律人"，自己私底下都未必做得到的事情却拿去苛求别人，这哪里能行得通呢？

程朱理学的理想是光明的，理念也是好理念，但一旦过于脱离现实，还用它强求于社会生活实际，并且还被教条化执行，其结果自然就像上文说的那样，在大明社会制造出一群群言行分裂的伪君子，导致士人阶层虚伪流行。

所以，《水浒传》确是虚构的小说，也是真实的社会悲剧。

七

一个人的内心，一个团队的内部，一个组织的原则，一个社会的运行，如果没有可敬畏与可信仰的"天理"存在，没有某种"天理"去约束，是绝对不行的。

同样地，一个人，一个团队，一个组织，一个社会，如果因为某种"天理"的存在，而导致无法正视、安放与扩张"人欲"，那也是行不通的。

但直到现代社会，我们对"人欲"与"天理"之间的关系仍然不甚明了，仍然纠缠不清。

这种情形投射到我们实际社会生活里，就常常会导致这样的矛盾纠结：一边鼓励人欲充分发挥，以形成蓬勃的市场发展动力，另一边又要为如何约束人欲、以阻止作恶的不断发生而犯愁；一边要充分调动组织成员欲望，以形成积极有为的动力，另一边又要为如何防止钻营投机与权力寻租而苦思良策，以阻止腐败的普遍发生。

所谓"一管就死，一放就乱"，正是对很多类似这种社会与组织现象背后的两难处境的形象概括。

我们常说要"恪守本分"，人欲扩张当然会逾越本分，但究竟什么是本分呢？一个本分的、避免犯错的、低欲望的社会或组织，会不会又成为发展止步不前或衰退的原因呢？且就算这种情形的社会或组织是好的，但在全球激烈角逐的今天，这样的社会或组织会不会缺失强劲竞争力与蓬勃生命力呢？可是若相反，如果一个社会或组织崇尚以"人欲"压过"天理"，那又将不断导致恶的普遍发生，这样的社会或组织又必然自己先垮掉了。

存天理，灭人欲，固然行不通。

存人欲，灭天理，却是更加不可以。

正因为两难，正因为充满矛盾，才尤其有深刻思辨的必要。这无论是对于一个个体、一个团队、一个企业、一个组织、一个社会的前途来说，还是对于一个国家、一个民族乃至一个文明的前景来说，想来都是关系非小。

八、个体修身展望

"超凡入圣"的个人修身之志可追，也值得追。

例如晚清的曾国藩就曾经在日记中写下了"不为圣人，便为禽兽"的理想，最后他也真的做成了所谓立德、立功、立言"三不朽"的大业。

然而，那种以"存天理"之志去追求"灭人欲"的修身行为则大可不必。毕竟孔孟、耶稣、释迦牟尼那样的圣人固是千年一遇，世俗社会里的那些英雄豪杰们又哪个不是雄心勃勃的肉食动物呢？正所谓"大英雄必有大欲望"，就算曾国藩那样的一代人杰也并不是什么"白莲花"，他在荡平太平天国的过程中不也是煞费苦心地为他的潇湘子弟们谋取加官封爵的实际利益吗？湘军破城，他也不是默认士兵们抢掠三日、胡作非为吗？他自身不也是被时人称为胸藏权谋、功名欲旺盛、杀人不眨眼的"曾剃头"吗？

某种程度上，也可以这样说，"人欲"其实也正是近现代社会发展的驱动力之一。

正是"寻金热"的欲望，才驱动了近代世界大航海时代的到来；正是不满足于既有物质生活的欲望，才驱动了现代世界的电灯、电话、汽车、飞机、高铁、互联网、宇宙空间站、火星登陆等等事物与事件的出现。

以现代眼光看，追求"天理"是值得崇敬与仰望的，放纵"人欲"洪流肆虐也必将产生无穷无尽的恶，但对于大多数的一般具体个人来说，如果说人欲如洪水，那么在个体修身的路上，如何对待"人欲"，古老的"大禹治水"故事早就揭示了一个朴素道理：堵，不如疏，不如因势利导，不如转化为进取动力。

九、群体人性改造展望

对于社会整体存在形态而言，在长远的未来，极大发展的物质生产力，万物互联的物联网世界，共同富裕的福利社会，不同社会理念与制度的冲撞、和解与融合以及不得不根据现实而做出的整体调适，或许真能使得人类群体的未来无限接近于古人模糊设想的那种"大同世界"，老吾老以及人之老，幼吾幼以及人之幼，天下无贼，世间绝匪。

在这个过程中，人类之中确实可能会涌现出许许多多自负使命的杰出群体，他们出于一种"天将降大任于斯人也"的自我觉悟，以"天理"精神严格自律,能够摒弃"人欲"的私心杂念,甘于为人间社会福祉自我牺牲。这当然是极为可贵、极为可敬的。

但若以此要求一般凡俗群体,那就勉为其难了。在过往人类社会历史经验中,就一般凡俗群体而言,除了在战争、团队竞赛、救灾、救援等等特殊时刻的英雄行为,除了那些极为虔诚的宗教信徒,以及除了父母抚养子女过程中表现出的那种无私奉献,除了类似这些情形之外,一般凡俗群体的世俗观念里通常都是以自我"人欲"的实现与扩张为导向,大部分人并不容易具有为了追求"天理"而自我抑制"人欲"的动力。

人性是复杂的,不可统一的,不可标准的,不可规划的。一般凡俗群体道德是不可假设的。在人类既有历史经验中,任何一种因为追求严肃"天理"而排斥"人欲"的大规模社会实践,任何以一般社会群体为对象的道德假设,结果往往都很难如愿,强制推行之则通常适得其反。

基本上,对于人类社会一般凡俗群体的道德进步事业来说,例如教化万民尚德向善、克己奉公、除私为人等等,它们虽然都是必要的与有益的努力,却很难去刻意追求,更无法强求,它们至多只能做一个底线上的法律约束,而在道德高度上也只能勉力而为,然后顺其自然。

事实上,任何社会或组织都不能订立"白莲花"的标准去强制要求人性乃至于压抑与囚禁人性。有史以来的一切社会实践经验都表明,在一切试图强制改造社会群体、强行推进群体道德进步的事业上,人类并没有取得过哪怕一次明显的广泛成功。相反,可怕的是,当我们回顾人类历史,一旦以"白莲花"的标准去苛求群体道德并加以社会实践,到最后无一不是导致谎言与虚伪的普遍发生,那样的社会到头来又一定不可持续。而当局面荒诞到无法维持时,或是崩溃,或是革命,或是重大变革,其中之一就必然会发生。

这就是说,无论是大明王朝社会死气沉沉的悲剧性局面,还是中外近现代世界的一些社会实践悲剧,它们都告诉了我们一个基本事实,那就是主观上对于群体道德的浪漫主义憧憬、假设与追求都是不切实际的,强求之则必然导致灾难。"满大街都是圣人"的群体天赋或潜质也许存在,然而潜质是潜质,现实是现实,试图在短历史周期内通过对一般社会群体人性大规模改造运动,去实现那种"亿万人民尽尧舜"的理想社会之境,乃是尽信宋明理学之误,是来自想象中的大同世界的幻相。

孔孟的本源儒家理想也好,宋明理学的新儒家信念也罢,都只能期待以长期熏陶而得到它的自然之效,以一种"随风潜入夜,润物细无声"的长期教化功夫自然累积出某种社会风气,并且要承担这种风气形成后的利弊后果。千百年来,仁人志士们秉持"天理"理想去教化一般凡俗群体的种种努力,其过程尽管是费尽了千言万语,其实质却仍然形同是"桃李不言",在群体道德的林荫树下是否会"下自成蹊",也只能交给时间去慢慢回答。

相反,数十年来,我国改革开放之所以能创造举世瞩目的伟大成就,正是在于承认了"人欲"的客观性与正当性,从而使得农、工、商领域的包产到户制与私有制成为可能;正在于破除了对群体道德浪漫化幻相的执念,释放出了广大民众想要实现、满足与扩张"人欲"的蓬勃动力,这才极大地提高了蕴含于芸芸万众私念之中的汹涌澎湃的生产力与创造力。

于是也就因此可以说，对于普遍的凡俗的一般个体、团队与社会群体来说，触发他们是否拥护一种理想或组织目标的基本动机，并不仅仅是来自"天理"，也在于这种理想或组织目标是否能够在实际利益上保障他们实现乃至扩张"人欲"。

比如梁山上的好汉们，他们自然是愿意服从于宋江竖起的"替天行道"这面代表传统纲常道德的大旗，但也主要还是要为自己谋个出身，为了这一世能够活得痛快，所以梁山在竖起了"替天行道"旗帜之后仍然还是要论功行赏、分金秤银的；再比如说华为公司的员工们，他们当然服膺于华为竖起的"奋斗者文化"的旗帜，但很多高校优秀青年之所以愿意奔赴华为，华为员工们之所以铆足了劲干事，也主要还是因为华为那富有吸引力的优渥待遇、福利与员工广泛持股制度；又比如作为与此相反的例子，大明王朝奉行程朱理学的"天理"，但由于这种"天理"本身无法容纳"人欲"，于是现实里的大明朝廷官场就充斥着与扩张着虚伪、权谋与昏暗，而小说里的宋江正是败亡于此。

以一般凡俗众生自私自利的基本人性而言，正如上文所说，也许只需设立群体道德的下限就已足够了：第一，保有法律层面上不可逾越的群体道德底线；第二，通过这种法律底线的长期约束以造化出一种主动风气——使得群体最低限度的良知，至个人利益的诱惑而完全消隐。

在我们一面孜孜以求理想之境的道路上，一面承认客观现实世界的凡俗化吧：对大部分人来说，人欲既无法灭，也不必灭，它只能被释放、驯服、转移与善加利用，导入正途。

也许，勤劳的自利生活，不被外部强力干涉的个人道德自由与权利，就是适合一般凡俗社会大众的稳定的喜乐，就是平凡人们愿意努力奔赴的幸福人生，就是滋润社会健康生态的多巴胺，就是勃发社会活力的保证，就是孕育经济与科技创造力的源泉……大概，这才是人类生活的本来面貌吧。

在真实的而非想象的群体世界里，不必追求"满大街都是圣人"，但使人间没有巧取豪夺的强盗与违法乱纪的恶吏，在法律底线基础上持续保障凡俗群体们为了不断释放、满足与扩张"人欲"而终日忙忙碌碌，保障他们习以为常的自利的生产与创造活动，大概就是一个正常的、理性的与健康的好组织或好社会了吧！

一个现代组织或现代社会真正要做的，并不是"存天理、灭人欲"，而是设法找到"人欲"与"天理"之间合适的相互融合的路径。

更好的局面，甚至是设法设计出这样一种机制：以"人欲"的澎湃动力，去驱动"天理"的实现。

对于这个由芸芸众生构成的凡俗世界，我们终将不得不同意，如果说"人欲"是藏于人心之中的猛虎，"天理"是含苞待放于人间的蔷薇花，那么我们只有穿过猛虎出没的山岗，才能看见蔷薇盛开的邦国。

由此，对于群体道德，我大约可以作如下判断：

抵达天理的唯一路径就是通过人欲，任何不经过人欲检验的天理都是幻觉。

实践
THE PRACTICE

修罗场里永不言退

若没有囚禁的愤怒，
生命的光芒就不会如此特别

一

公元前361年，秦孝公21岁的青春躯体里充满了一种叫作悲愤的东西。

这一年，他从老爹手中接过了一个山芋，一个烂得不能再烂的山芋：秦。

当时的秦，是个让人嘲笑、唾弃的衰国。

在秦的国内，政府力量衰竭，社会矛盾激化，民间私斗成风，经济处于崩溃边缘。

在秦的外部，河西之地被魏国强占，西北的蛮夷戎狄看秦的神情就跟老虎看兔子没啥区别，好像他们活着的意义就是吃饭、睡觉、洗劫秦。

人才也都躲得秦远远的。秦，衰得连商人都不愿去做生意。

当时天下六大强国、十几个小国都把秦当野生动物看，大声呵斥秦，手握打狗棒驱赶着它，别说去参加国际会议了，连门都不让你进。"是时河、山以东强国六，淮、泗之间大小国十余，楚、魏与秦接界……皆以夷翟遇秦，摈斥之，不得与中国之会盟。"

先祖秦穆公的辉煌早已不再，秦人心气沦落。到了秦孝公之前的几代秦王时，魏国大将吴起屡次痛殴秦军，劫掠去大片土地。搞到最后，秦国只剩下陇山以东、洛河以西、秦岭以北的渭河平原一点狭小的国土，要看着就要亡了。

秦孝公的爹倒是有心雄起，但小有成就薨了。

什么是薨呢？薨，与梦的繁体字"夢"很像，唯一的区别就是下面是"死"还是"夕"。到了夕阳西下时分还能幻想一下明天，那就是梦；凡做不了梦的，都是挂掉了的。薨，诸侯之死的称谓。

秦傍晚的天空，看起来是要薨了。

因为秦孝公老爹一死，各诸侯国老大都带着队伍扑了过来，以吊唁之名，行打劫之实。

这样的世界，一个 21 岁的青年要怎样面对？

一个人跑到山里抹眼泪是没有用的。

"你曾经多少次跌倒在路上？你又曾经多少次折断过翅膀？"

如果时间可以穿越，那一年，秦孝公心中升腾起的歌声一定是汪峰的。

"我想要怒放的生命，拥有挣脱一切的力量。"

二

其实曾经在心中长啸过的，不止秦孝公一人。

再往前 130 年，有一个叫勾践的浙江大老板也被囚在命运的笼中。

如果秦孝公的境遇是悲凉的话，那么勾践就是凄惨了——他的全部兵马被江苏大老板追杀到只剩下五千，最后被迫低声求和，顺从吴国。

他以一国之尊的身躯，委身在一座大坟旁的破屋里，在一片讥笑声中硬是给世仇夫差低三下四地当了两年多的马僮，而他的得力干将范蠡、文种则屈身为奴。

一代越王，就差没被羞辱死在吴国了。

这个时候，勾践心中应该是窦唯一般的呼啸。

"人潮人海中，装作正派面带笑容。不再相信什么道理，人们已是如此冷漠，我无地自容。"

三

但要论囚徒生涯，勾践的两年时间实在还算不得什么。

大约2450年后，在非洲大陆的最南端，一个被称为"彩虹国之子"的人，为了黑人的自由与平等，身陷牢狱，一囚就是27年。

他就是曼德拉。入狱时，他正值人生最繁茂的盛年，出来已是白发斑驳，七十古稀。

勾践身为囚徒，多少还可以替人牵牵马、出去溜达溜达，身体上也没遭什么罪。

曼德拉就不同了。27年的牢狱生活中，他受尽折磨，一次又一次地遭受到无端的迫害。

曼德拉曾经是家族长子、大酋长继承人、文学学士、律师、南非国大青年联盟全国主席、非国大全国副主席。

但现在除了漫漫黑夜，他一无所有。

命运把拥有变作失去，人世间又有几个残留的躯壳，能在风雨中抱紧自由？

在为曼德拉创作的《光辉岁月》中，Beyond 歌颂他的黑色肌肤是绚烂的，真是这样吗？曼德拉用意志给出了回答。

又有几个英雄梦，经得起 27 年冰冷铁窗的煎熬？

"一生经过彷徨的挣扎，自信可改变未来，问谁又能做到？"

四

有时候，人活着，确实就是活那一股子气。

民谚云，不蒸馒头蒸（争）口气。

气在，人就永不止步，生机勃勃；气失，人值盛年也只剩下保温杯和枸杞了。

曼德拉争的那一口气叫作宽恕，从出狱后的 70 岁开始。

他说，当我走出了囚室，迈向通向自由的监狱大门时，我已经清楚，自己若不能把痛苦与怨恨留在身后，那么其实我仍在狱中。

他看到了被压迫者的艰难，也看见了压迫者人性的悲哀。他看见夺走别人自由的人，也不过是仇恨的囚徒，这些人被偏见和短视的铁栅囚禁着。

因此，他宽恕了一切，包括那些仇恨、侮辱、嘲笑与打击。

他由此领导了南非民族解放独立的斗争，废除了白人在南非的种族歧视政策，实现了南非民族与种族的平等。

在他离任总统后第二年，2000 年，南非警察总署发生严重种族歧视事件：警察总部的电脑屏保上，曼德拉头像竟逐渐变成了"大猩猩"。这令南非人民义愤填膺，警察总监、公安部长全都勃然大怒。

但曼德拉不但毫不在意，还轻松化解了国民的情绪。

几天后参加地方选举投票时，当工作人员核对曼德拉身份证照片时，曼德拉慈祥地笑了："你看我像大猩猩吗？"会场爆发出会心的笑声。不久，在一所农村学校竣工典礼上，曼德拉问孩子们说："看到你们有这样的好学校，连大猩猩都十分高兴。"话音刚落，数百名孩子笑得前仰后合。

这就是宽恕的力量。

世人看到曼德拉毕生都在为黑人的平等而奋斗，殊不知他一样看见黑人中的弊病，他说："我把一生奉献给了非洲人民的斗争，我为反对白人种族统治进行斗争。但我也为反对黑人专制而斗争。"

五

与曼德拉一样选择隐忍的勾践，则埋头争了另一种气，它叫作卧薪尝胆、立志复仇。

当兵败如山倒、越国将灭之时，勾践听从范蠡之计，向吴国臣服求和。

这一年暮春，勾践携文种与范蠡踏上入吴为奴的路途，越国臣民都送到江水之上。临水的路上，人们堵塞了通道，送行的马车一直尾随不散。越王勾践仰天长叹，举杯作别众人，一时痛哭流涕，默然不能言。

两年后，被释放回越国的勾践，在屋里挂了一只苦胆，每顿饭前都要尝尝苦味，提醒昨日之耻。他身着粗布，顿顿咸菜萝卜，跟百姓一起耕田播种。勾践夫人则带领妇女养蚕织布，发展生产。

勾践夫妇与百姓的同甘共苦，激励了越人上下齐心努力，奋发图强。

十七年后，勾践率领越兵攻入吴国，夫差拒绝了勾践让他入越做小地主的建议，羞愧自杀。春秋强国吴，灭。

两千多年后，清人蒲松龄给勾践往事留下了这样的评论——

有志者，事竟成，百二秦关终属楚。

苦心人，天不负，三千越甲可吞吴。

其实说这话的蒲松龄，本身也是一个不妥协的传奇。19岁应童子试，接连考取县、府、道三个第一，名震一时，然而奇怪的是从此屡试不第，直至终老。但他用功于小说，终于为后人留下了一部传奇，叫《聊斋志异》。

六

被人当作穷乡僻壤野人的秦孝公，默默争的那口气，叫作愤怒。

司马迁这样写道——

"于是孝公发愤，布德修政，欲以强秦。"

"孝公下令全国中曰：昔我穆公，自歧、雍之间修德行武……国家内忧，未遑外事。三晋攻夺我先君河西地，丑莫大焉……寡人思念先君之意，常痛于心。"

这意思是说，祖辈文武全才，英雄了得，可是现在秦国里外不是人，活得太窝囊了，想到这里我常常就想死了算了。

所谓向死而生，大概也莫过如此吧。一个不想活的人，一旦认真活起来的话，往往比一般人精彩一万倍。

秦孝公是怎么招揽来一百多个人才的，又是怎么下决心变法的，就不说了。只举两个例子：

一是为了全力支持商鞅变法，秦孝公不惜处理了大批保守旧势力，甚至将太子贬为庶民流放。

二是为了确保在自己死后商鞅的变法不遭破坏，秦孝公给商鞅秘密留下了一支上万人的私人精兵卫队，甚至要传位给商鞅。商鞅当然不敢接受国君之位，后来为了让秦国不因自己而导致国家分裂，连军队也上交了。

变法说说好听，其实是要流血的。但秦孝公和商鞅两人的决心、格局之大，早将个人的安危得失置之度外了。

与其窝窝囊囊地活，不如痛痛快快地押上全部赌注，跟自己以及世界一决高低。

结果都知道了。受秦孝公激励，之后的秦文公、秦武公、秦昭公三代国君都继承了商鞅之法，励精图治，秦终于崛起于关西边陲。

秦孝公之后，秦与列强连年硬碰硬，无论单挑还是以一敌六，大大小小的战争基本没输过。

秦孝公这一口气，争得惊天地、泣鬼神。

这样的故事，其实不为中国独有，不为贵族独有，不为底层人民独有，它没有时间之分，没有地域之分，没有行业之分。

事实上，它没有边界。

七

很多年前，另一个45岁血气方刚的苏格兰人，对一支球队横看竖看不顺眼。

这支盛气凌人、一副不可一世样子的球队叫作利物浦。当时，利物浦队手握英超 16 个冠军头衔，睥睨群雄。

这个苏格兰人发誓道："把利物浦从老大位置上拽下来！"而他刚接手的球队，只有 7 次冠军经历。

此后，这个苏格兰人为他的一句狠话，投入了一生努力。

2009 年，他率领球队夺得第 18 个英超冠军头衔，与利物浦队持平。当年的热血青年此时已经花发皆白，年近 70，很多报纸都在吐沫横飞地大谈他退休后的接任者。

第二年，走了 C·罗等核心主力的该球队，搏杀到至联赛最后一轮最后一刻，仍以一分之差，屈居亚军。老头大怒道："去你×记者，让退休这个词见他××鬼去吧！"

2011 年春夏，这个叫曼联的球队在他的率领下，夺得第 19 个顶级联赛冠军，完成了对利物浦 18 次冠军纪录的超越。

两年后，在完成第 1500 场比赛后，他结束了在曼联长达 27 年的战斗。

这个狂妄不羁的老家伙，就是爵爷弗格森。

他用行动证明，认真吹过的牛皮，砸下的吐沫，哪怕赌上 30 年光阴，也一定会兑现它。

八

曾经，一只关于中年人保温杯的话题，持续散发着新闻余温。

"不可想象啊！当年铁汉一般的男人，如今端着保温杯向我走来。"有人在现场目睹了黑豹乐队成员之一落入凡间的落寞神情后，不禁发出这样一声叹息。

这一声叹息，一时间勾起了多少男人心中无限惆怅。

大家是在感慨黑豹乐队的人老珠黄吗？不是的。中国的男人们，凭吊的不是保温杯，而是怀念心中那只曾经威风八面的黑豹。

怀念从前那对天嘶吼的热血青春，那些愤怒的荷尔蒙，那些永远不愿妥协的灵魂。

那些曾经"醉里挑灯看剑、梦回吹角连营"的嚣张岁月，到如今，只剩下双鬓微霜，对着枸杞菊花茶发呆，可怜白发生。

这才是触动今日男人们心中潮水般温凉的关键所在。

当更早之前，另一只黑豹的照片流传开来，窦唯早前坐在地铁一角，头发凌乱，消失在茫茫人群中，像终南山道士一般留下一句"清浊自甚、神明自鉴"时，人们看到了当年的愤怒早已抵不过岁月的消磨，从他身上消失了。

触景生情，这叫有多少男人因此感怀身世、黯然神伤啊。

什么最是人间伤心处？美人白头，英雄迟暮。

当你曾经倾注全部热血的理想终于委顿，当你终于在世俗面前停下了奔跑的脚步，你是否知道，这一生终归何处？

没有了曾经被囚禁的愤怒，两手空握一堆自由，垂垂老矣，终日睡思昏沉，生命还剩下多少意义呢？

这世上假如真有什么光辉岁月的话，那它一定是在永不妥协的路上。

网上说，窦唯在黑豹乐队时，"凭借创作能力以及嘹亮激昂的高音征服了主流音乐界，然而却在最红时退出，放弃了标志性的高音，转而以中低音为主，在《黑梦》里玩起了思考和寻梦，等到做《艳阳天》时，整个专辑都明亮起来，概念性更强了。"

在《黑梦》《艳阳天》都火了之后，他却干脆歌都不唱了，《山河水》后连人声都没了，直接就跑到幕后打鼓去了。

愿那个重视内心音乐思想、淡泊名利的窦唯，那个一直占据热血男儿们心灵的窦唯，重新回来，愿他那独有的、向天问询的歌声永不老去。

九

在这个清醒又混沌、明白又迷糊、激进又保守、奔放又压抑、仰慕又嘲讽的年代，好男儿怎少得了那一声灼热的长啸？

那些当世的英雄或枭雄们，有的发足狂奔，在创业风潮里追逐着一只只风口的猪；有的步步为营，揣测着天上的云聚云散，小心翼翼地驱动着财富邮轮向前；有的仰天长叹，变卖万贯家财，重新设立人生的小目标。

而那些大多数的中年精英，人生的大部分时间用于周旋于两套房、两台车、两个娃和两个老人之间，在保守主义的精益求精中，计算着工作、压力、休假之间的合适比例。

"多少人走着，却困在原地？多少人活着，却如同死去？谁知道我们该去向何处？谁知道尊严已沦落成何物？"汪峰的《存在》这样呐喊着。

实际上，尊严不会在别人那里沦落。

只会在自己那里失去。

假如你曾经蒙受命运的捉弄，像青年马云一样被四方拒绝，像 Facebook 一样被雅虎公开羞辱，像秦孝公一样被各方嘲讽，像勾践一样被敌人作践，像曼德拉一样蒙受岁月的残酷考验……那么，你也不要急于辩解，不要急于像匹夫一样"徒以头抢地尔"。

你当像珍惜赤子童真一样，在心中养育着你的愤怒。

你当像弗格森一样，赌上平生岁月，如同踏上征途的勇士一样去战斗。

直到证明给自己看，至死方休。

十

秦孝公，自从 21 岁担任秦的总裁开始，就天天加班，呕心沥血，苦心经营，终于把秦做成了全国最强大的上市公司之一。

去世时，年仅 46 岁。

他把人生最好的二十多年光阴芳华都给了秦，给了令他蒙羞的大小列国，给了心中那被囚禁的愤怒。

一个烂摊子，在秦孝公手里，变成了列强。

150 多年之后，他的一个子孙名叫嬴政，自称秦始皇，建立了后世中国的基础：统一了山河、语言、文字、度量衡。

这就是在心中珍藏愤怒的全部意义。

它终将让我们明白一件事：一生之中能困住自己的，其实除了自己的意志强弱，并没有其他敌人。

愤青的战争：
如何改写命运的剧本？

只要是野生的内陆河流，就一定有淤积的河床；只要是人组成的社会，就一定有跋扈的强权。跋扈的强权操弄着无数人命运的剧本，正如淤积的河床左右着河流的形貌。

能够冲决淤积河床的只有激流，能够收拾跋扈强权的只有燃烧的愤青。

一

公元前230年，20岁的张良心就燃烧着。

那一年秦王嬴政的大军突然南下渡过黄河，以闪电之势拿下韩国首都新郑，俘获了韩王，占领了韩国全境。

灭韩是秦统一天下的第一步，也是点燃张良的第一步。

秦王灭韩与张良变愤青有什么关系呢？这就好比土地是农民的命，店铺是商家的命，韩，就是张良的命。张良祖辈以相韩为业，祖父、父亲做过五代韩的宰相，张良从小接受的教育就是以如何做一个光荣的韩国宰相为目标的。

但秦王断了他的光荣。

征地不赔偿，农民就会跟你拼命；封禁店铺不给说法，商家就会跟你拼命。秦王灭韩，不但让张良的宰相梦碎，同时也是对张良祖父、父亲工作的羞辱，那会怎样呢？

张良择地设伏，就去跟秦王拼命。

二

要改写命运剧本的，不只有张良。

再往前50多年，有一个叫范雎的人也在寻找丢掉的尊严。

当时，范雎作为门客，跟随魏国中大夫须贾出使齐国。本来只是个小小配角的范雎，谁知道却因为才华闪闪发光而得到齐襄王私下的打赏，被赐予黄金、牛肉与美酒。范雎虽然一再推辞不敢接受，此行的主角须贾却因此一口咬定范雎心怀不轨，回国就向宰相魏齐打了小报告，说范雎出卖了魏国机密。

魏齐身为一国最高行政长官，也没有调查使团在齐国的活动真相，就不问青红皂白地立即下令鞭笞范雎，直到打得范雎的肋骨折断、牙齿脱落，就这样还仍不放过，又命人用竹席卷起范雎，扔到厕所，须贾与其他喝醉的客人笑逐颜开地轮流对着他撒尿。

范雎最后靠着装死、说动守卫才逃过一命。

如果说齐襄王的赏识是天上掉下的馅饼，那么须贾的诬陷、魏齐的残害就是天上砸下的陨石。平白无故地蒙受如此无妄之灾，让怒火在范雎胸中熊熊燃烧。

在逃出生天后，范雎决心要亲手拿回自己失去的东西。

三

向后数 2100 多年，有一位姓谭的少侠则以高昂着不屈灵魂，拒绝向命运的剧本妥协。

其时战争结束不久，身为"天朝上国"的大清国输给了自己一向看不起的海外倭寇，惨烈的战局，巨额的赔款，割地的耻辱，这一切都深深刺激了谭少侠，他悲怆赋诗道："四万万人齐下泪，天涯何处是神州？"谭少侠于是就跟着康大哥、梁二哥一道，决心搞变法维新。

不幸的是，掌权的老人们并不同意他们的主张，认为他们这是瞎搞，得正法。

康大哥一听就吓跑了。梁二哥也觉得"留着青山在，不怕没柴烧"，于是也跟着一起东渡逃亡了。

谭少侠说，国家都快亡了，我为什么还要跑呢？我不入地狱谁入地狱呢？变法没有人牺牲，还叫变法吗？大家都逃亡，怎么能唤醒做着残梦的大多数人呢？于是他放弃了出逃海外的船票，婉谢了同党友人劝走的忠告，回绝了王大侠的营救行动。

这位才 33 岁的大好豪杰，然后就慷慨就义了。

四

谭少侠本来可以轻松地做个权贵子弟。

谭少侠的父亲是湖北巡抚，一度兼署湖广总督。巡抚相当于今天的省长，湖广总督则大约相当于管辖湖南、湖北两省的长官。

但自小习武的谭少爷十分不屑参加八股科举考试，反而对近代西方的物理、化学、地理、生物发生了浓厚兴趣，13岁时就赋诗道："唯将侠气留天地，别有狂名自古今"，19岁时已游历了中国大部分的边陲与腹地，足迹遍布陕甘东西、大江南北，结交多位草莽侠客。

世间偏有这样的权贵子弟，不爱在浮华中玩世不恭，却有如此英雄气概。谭少侠慷慨就义之后，浩然正气充沛了天地人间，当时就有一批青年对谭少侠伏地跪拜、仰慕不已。

这些仰慕谭少侠的粉丝们就再也睡不着了，他们血液燃烧了。

在这些仰慕者中，有为他悲怆痛哭的好友唐才常、学生林圭，两年后他们组兵起义，失败被杀；有辛亥著名志士陈天华、邹容，陈天华在其唤醒无数人的《猛回头》一书中称谭少侠是"轰轰烈烈的大豪杰"；邹容求学时就将谭少侠的遗像带在身边，题诗说因为谭君的缘故，后来者不要灰心啊，他的《革命军》一书激发了无数青年的斗志，而邹容本人也年仅20岁就慷慨就义了，孙中山尊之为"大将军"。

在热烈崇拜谭少侠人群之中又有两个人，一个姓杨，一个姓李。这个姓杨的就去教书育人，激励英才；那个姓李的就去实践行动，披荆斩棘。育人的杨先生，行动的李同志，又合力熏陶出一个姓毛的学生。

这个姓毛的这个学生受了杨、李两位老师的熏陶之后，就集杨、李两人所长，一边搞行动，一边教育群众，奋斗不息，最后终于率领队伍实现了当初谭少侠豪情壮志，成功改天换地。

这三个人其实大家也都熟悉的，姓杨的先生叫杨昌济，姓李的同志叫李大钊，姓毛的学生叫毛润之，名泽东。

那位谭少侠是谁呢？如你所知，他叫谭嗣同。

五

与谭嗣同的慷慨任侠相比，张良实在是一个文弱的书生。

根据史书记载，张良容貌长得像个女子，而且很麻烦的是还经常生病。照表面上看，实在是看不出来张良有什么豪杰的样子。

如此文弱的一个人居然要去找霸道的秦始皇拼命，别说是改写命运剧本了，恐怕与白白送死也没什么区别吧？

事实证明，一个人的勇气与胆识跟身体强弱关系不大，而主要看他是否具备勇往直前的决心。

张良有的是勇往直前的决心。他以大无畏的胆识策划了一个"斩首行动"，计划是这样的：打造一个120斤大铁锤，重金招募一个超级大力士特工，然后躲在路边埋伏起来，等到秦始皇车队一到就抡起120斤大铁锤，像奥运冠军扔链球一样对准秦始皇砸过去。

张良的计划几乎成功了，博浪沙刺秦一战，可惜砸死的是秦始皇替身。

搞偷袭不成，那就剩下正面进攻了。张良于是拉起了一支军队反秦，虽然只有百余人，寒酸是寒酸了点，不过张良带着他们加入到了刘邦、项羽的反秦大部队中，以自己则以总参谋长的身份辅佐刘邦抗秦，最后终于成功推翻了暴秦强权，实现了毕生夙愿。

反秦过程中，张良一度拥戴韩的王室后裔为王复国，自己担任韩国的宰相。等到后来项羽背信，先后杀了楚怀王、韩王成，张良相韩愿望落空后，转而协助刘邦最终击败项羽，赢得楚汉之争。

六

范雎改写命运的剧本，又是另外一番情景。

这个故事也许不及张良、谭嗣同那样波澜壮阔，但惊心动魄程度却一点不逊色。

逃出生天后，范雎改名换姓隐居了起来，后来觅得机会秘密谒见秦国来魏使者，成功说服对方，乔装打扮混在车队里逃到了秦国。一年后，范雎得到与秦王交流机会，胸中韬略随之喷薄而出，当即被秦王拜为客卿，不久升任秦国丞相，后又积功而被封为应侯。

怀才不遇的事是有的，但如果一个人怀的才足够大，那么得到机会后爆发起来也必然惊人。范雎就大爆发了：在外交上，为秦昭王提出了"远交近攻"的战略思想，设计瓦解了六国围秦的合纵盟约；内政上，推动秦昭王实施了削弱权贵专权、加强王权的有效措施；军事上，以反间计诱使赵国用纸上谈兵的赵括代替实力派老将廉颇，为秦在长平之战中一举重创赵国创造了前提条件，秦国也借此削弱了统一路上的最强劲对手。

秦昭王将范雎比喻成秦的周公、管仲，虽夸大其词之嫌，但也反映了一个客观历史事实——商鞅之后，范雎是秦国数一数二的人物。

就这样一个了不起的人物，曾经差点被折辱死在厕所里，谁能想得到？范雎悲怆的内心，外人很难理解得到，所以当范雎得到找回生命尊严的机会时，指责他不够宽容是不公道的。

那一天，当初迫害范雎的须贾出使秦国，范雎假扮成落魄车夫接送他，准备恶意报复须贾。好在须贾良心发现，惊讶故人沦落到如此田地，不禁心生怜悯，赠给范雎一个袍子让他穿上。一番戏剧化反转之后，范雎现出秦国宰相身份，大肆羞辱了须贾，最后看在须贾多少还有些赐袍之恩的情分上，饶了他一命。

范雎对须贾说，回去告诉你们魏王吧，把当年摧残我的那个魏齐人头拿来，不然我就血洗魏都大梁。魏齐闻讯后十分恐惧，逃至赵国藏匿，最后在秦昭王胁迫下无处容身，自刎身亡。

有仇报仇，有恩报恩，是范雎改写命运的剧本。他既能报得大仇，也能散尽家财报答那些曾帮过他的人们，他也向秦王举荐那些曾经帮助过他逃难的恩人，提携曾经厚待过他的友人——当然这种公私不分的做法也为他的命运埋下了隐患。

但范雎终不失为一条响当当的豪杰。

七

平等，公正，尊严，这些固然是人人向往的社会理想，然而古往今来的历史都证明了这种理想在任何时代、任何社会、任何地方都不可能完全做到。

相对于生而平等的追求，不平等的客观现实永恒存在。在这个不总是平等的尘世之中，一个人生而为人的尊严是不可能从委曲求全、步步退让中得来的，毕竟即便是再公正的法律也有它无能为力的时候。

在必要时，学会依靠自己的决心去洗刷命运的污泥，这大概是世间那些真正愤青的共同点。假如有人老是肆无忌惮地骑在你头上拉屎，你就不能不回应，是"流血五步、伏尸二人"也好，是叫他"天下缟素"也好，你必须像唐雎不辱使命一样，拔剑而起。

往小里说，若是面对无缘无故的伤害也不敢回击，就一定会再次遭受无缘无故的伤害；往大里说，若连起码的个人尊严都没有勇气捍卫，又从哪里能生长出来一个民族的尊严呢？这与好勇斗狠无关。

如果你命运多舛，上天总是给你黑色的剧本，那你一定要有"老子偏不信邪"的勇气，一定要有挺身对抗的决心，一个人或一个民族命运的转机有时就在其中。

因此，在这个日新月异的世界里，在遍地豪宅与衣香鬓影之外，我们必须清楚地知道什么东西才是尊贵的，什么东西才是廉价的——

所谓愤青，它并不是指那些与社会现状总是格格不入的一般愤怒青年，也不是指那些行为偏激、动辄情绪化、时有极端言论的一般群体；

真正的愤青，怀大智，藏大勇，负大辱，行大为，他们的愤怒不发出则已，一发出定然是惊天地、泣鬼神。

而恰恰是这种真正的愤青，最有可能改变生命平庸的姿态，最有可能改变世界堕落的模样。

大龄青年的关键一步，
是拿下人生中的那个"锦州"

一

一个人一无所有时，并不会犹豫。

因为道理很简单：犹豫了是一无所有，不犹豫还是一无所有，没啥区别。

年轻后生初出茅庐，就是一无所有。因此他们做起事来很少犹豫，说干就干，没啥可忌惮的。所以古人就总结出了一个词：

后生可畏。

霍去病18岁出头就敢率领八百汉家骑兵深入大漠，功冠全军，年纪轻轻就被封为冠军侯；19岁两次指挥河西之战，就敢破除战争旧思维，开创长途奔袭、旋风突袭、大迂回、大穿插的歼灭战法，灭匈奴十万，封祭狼居胥。漠南草原从此无王庭，华夏力量第一次占领河西走廊，开辟丝绸之路。

如此嚣张，胆气怒放。如此一脸傲骄甚至是跋扈，气吞万里如虎。

21岁的辛弃疾忙活着的也根本不是什么填词、作诗、泡妞——

他聚集了两千人,参加了抗金起义军。22岁,辛弃疾率领区区五十轻骑就敢突袭几万人众的敌营,还能生擒叛徒毫发无损地归来,从容南渡。

壮岁旌旗拥万夫,锦襜突骑渡江初。

燕兵夜娖银胡䩮,汉箭朝飞金仆姑。

这等意气风发的稼轩词,那可不是胡吹出来的长短句,人家辛弃疾玩的是个十足的写实派风格。

啥叫后生可畏?该成语的最佳拍档一定是:肆意狂放。

毕竟后生手中有的是时间筹码,未来的无限可能性潜伏在他们脚下。他们折腾得起,摔得起,输得起。在一个地方摔倒了?爬起来接着赶路就是。一条路走不通?换一条路就是。

二

但是大龄青年展望人生前景时,那就不一样了。

大龄青年已经过了少不更事的年纪,娃娃脸上的胶原蛋白少了,被岁月刻上的风骨多了,于是每走一步就都不会再像初出茅庐时那般无所顾忌,也不再随随便便年轻气盛。

如果你此前十年足够上进、又不拉垮,那么论行业经验资本,论财产积蓄,论社会阅历,论对未来的判断与把握,大龄青年手中都握有相当可观的筹码。这个时候,当大龄青年面临人生重大抉择时,通常就会十分慎重。

抉择对了,之前积累的所有资本可以趁势扩张、迅速倍增,人生大势基本上稳稳落定;抉择错了,十年积累泥牛入海,回到一无所有，重新开始还难上加难。

一颗棋子捏在手中半天，要落在哪里是十分费脑筋的事，赌还是不赌？大龄青年往往瞻前顾后，犹豫不决。

那并不是一句"干就完事了"这样的痛快话那么简单。

三

在电影《大决战》中，就有这样一个决策之难的剧情。

那是在辽沈战役前，当时东北前线的军事指挥员一直犹豫不决，反复思索着是回师先打下长春呢，还是西进坚决打锦州？

东北太重要了。在两军对决的大棋局上，在决定一个民族两种命运的紧要关头，东北进可攻、退可守，这场东北之战是不能输的。所以前线指挥者的思量是慎之又慎，手中的这步棋到底落在哪里才好？数十万大军究竟选择哪一个进攻方向才是最有把握的呢？纵然是身经百战的优秀指战员，当此重大时刻也难免患得患失。

这时候就要做出战略抉择。

"战略抉择"是一个词，实际上却是分为"战略"与"抉择"两个部分。首先要确定你的战略是什么，然后才是进行抉择。战略若是不清，抉择也就不易确定了。

抉择有多难，战略就有多重要。

当一个组织、一个城市、一个企业谋划一个发展时期的路线时，或是当一个团队考虑一个项目时，通常都会谈到战略问题，这如何如何，那怎样怎样，等等。但最终，却只有那些真正自己亲身做过重大抉择的当事人，才会真正明白"战略"里隐含着的到底是什么：当你看到眼前可走的路有很多条，好像这也可行，那也可行；当你发现可下手的业务板块有很多，这也想做，那也想做……可你又怎么知道哪条路是通向沼泽、哪条路出去是一马平川呢？这时候你怎么抉择？

所以诸葛亮最大的价值，是以"隆中对"的判断力给了当局者一个抉择的依据与信心，让那位已经跑了一路又一路的刘皇叔有了继续跑下去的勇气，并让他相信接下来往哪里跑才是最有前途的。别以为跑路这事就简单，跑路是非常考验战略眼光的，只有那些高瞻远瞩、深谋远虑的人才能跑出一条柳暗花明的活路来，乃至跑着跑着就跑出了一条通向广阔未来的星光大道。而对于不少被迫跑路的人来说，开始通常是慌不择路，跑到最后多半是走投无路。

所以，只有那些经历过了这种"一棋落下定生死，一个路口决前途"的当事人，只有那些必须做出高风险重大抉择的当局者，才会深深明白一件事：所谓战略抉择，其核心并不只是规划、路线、布局，更关键的是"舍弃"。

战略抉择，就是在一堆可以下手的事情里果断地、坚决地、毫不留恋地舍弃掉 90% 的可能性，只做最后留下的那 10%，而且无论外界如何风云变色，都要心无旁骛，都能为那个 10% 坚持不为所动，毫不动摇，直到胜利。

这就需要你有穿透性的判断力。

而判断力需要全局思维。

而全局思维需要你必须时刻清醒地意识到终极目标究竟是什么。

四

东北这场仗的打法究竟该如何抉择？来看看西柏坡决策层是怎么判断的。西柏坡决策层从一开始盯着的就是终极目标，盘算着的就始终是全局，所以就能以穿透性的眼光判断出一件事来：

必须先打下锦州。

因此在电影《大决战》里才会有决策层的那段话："只要打下了锦州，就掌握了战争主动权，就是一个伟大胜利，怎么就不明白呢？"

西柏坡决策层看到，只要拿下了锦州，就卡死了东北国民党军与华北联系的通道，东北的国军就成了进退不得的孤军，于是东北问题的解决就只剩下了时间问题。

这正如电影里被俘的国军将领范汉杰事后感叹的那段入木三分的台词："这一着棋非雄才大略之人是做不出来的，锦州好比一根扁担，一头挑着东北，一头挑着华北，现在这根扁担折断了！"

拿下了锦州，东北就成了笼中困兽；解决了东北，华北就会失去呼应而势单力孤。

锦州，就是解放全中国的棋眼啊。

而前线的指挥员却心理包袱过重，他眼里看到的，是后边的长春、沈阳一大坨敌人，前边的锦州、平津又是一大坨敌人，"我就准备了一桌菜，却来了两桌客人"。一个搞不好，对方来个东西两面夹击，说不定自己反倒有可能成为人家桌上的"菜"了！所以他才会一直在打长春、还是打锦州之间犹豫，总觉得打锦州攻坚战冒的风险实在太大。结果一会去打长春，一会去打锦州，打锦州走到半路听说敌人增兵葫芦岛支援锦州时，又想回过头去再打长春。

风险如此之大，选择就不得不谨慎。谁能知道自己手中的这一步棋下下去，后果到底是赚得盆满钵满呢，还是赔掉老本呢？

电影里，最终促使前线军事指挥员下定打锦州决心的，还是西柏坡的决策命令和前线炮兵司令员的牺牲触动了他。

当然作为旁观者的电影观众总是站着说话不腰疼，其实对任何一个当时身在其中的当局者来说，抉择起来总是极艰难的。

大龄青年到了要进行最后战略抉择的时候，要他一股脑舍弃掉90%的可能，集中手中全部家当投入到一个10%的点上，无所顾忌地搏一把，或者是赢得全局优势，或者是满盘皆输，任谁落下去这手棋时都不免胆战心惊啊。

但其实啊，不论是电影里的人物，还是现实里的每个人，一生之中，他的前方总都是会有一座叫作"锦州"的城池在等着他去拿下。

五

问题是，并不是每一个大龄青年都能清楚自己人生中的那一座"锦州"城池究竟是什么、在哪里、何时攻打。

对两千二百年前的大龄青年刘邦来说，他人生的那座"锦州"很清楚，是鸿门宴。

刘邦面临的选择，其实也不能说只有非赴鸿门宴一条路可走。当时，项羽听了来自汉营曹无伤的密告后，相信刘邦所图者甚大，于是威胁要率大军攻打刘邦，但刘邦难道不可以提前从关中退走吗？至多被项羽跟过来追打就是了，那就继续跑嘛。

但如果亲自去鸿门释疑，一旦成功，收益却是最高的，可以麻痹项羽，为己方赢得喘息的战略机遇期。

可同时，赴鸿门宴却是收益与风险相当：亡于鸿门宴，泗水亭长此前积累的人生资产基本清空，不一定有从头再来的机会；从鸿门宴全身而退，封王关中（刘邦的"东北"），则进可攻，退可守，问鼎中原就有机会。

正因为刘邦的终极目标是天下，所以他有全局思维，于是他同意了张良的建议。最终，刘邦的战略抉择就十分清晰了：冒险"打锦州"，即不是率领队伍逃跑，而是亲自去鸿门跟项羽解释清楚。

再看另一位大龄青年韩信，他人生的那座"锦州"城池是什么呢？是选择在一个月光皎洁的晚上从汉营中出走。

此前，韩信已和萧何有过多次交谈，他已经让萧何清楚了自己的才能，然而仍不获重用。韩信于是决定从汉营出走。

我相信"月下出走"这件事是韩信有意设计的一个"战略抉择"。

"萧何月下追韩信"，大家都说萧何是慧眼独具的伯乐。可是你认真想过没有？韩信是一个带兵的武将啊，萧何是一个管后勤的文官，韩信真要发力策马奔逃，你以为凭他一个老书生萧何真能追得上大将之才的韩信么？而且，韩信出走的时机为什么偏偏恰巧在明晃晃的"月下"呢？你听说过有哪个想要逃跑的人不是选择黑漆漆的深夜出逃、反而选择走进了一个月光温柔的良夜的么？

所以，"萧何月下追韩信"这个事件很大可能就是韩信自导自演的"恋爱式剧情"，而且桥段特别庸俗：女主（韩信）满腹深情却不受重视，于是含泪月下出走，三心二意的男主（刘邦）你追不追呢？你追过来，就说明你还是看重我的，那我就跟你回头继续；你不追过来，那就说明你个渣男去死吧，姑娘（韩信）我不奉陪了。

韩信这样做，也是因为韩信始终清醒地意识到自己的终极目标是封王封侯，所以他有全局思维，有穿透性的判断眼光：先是判断出项羽不是明主，于是他果断离项羽而去；转投刘邦，又不受重用……但刘邦到底是不是那个命中注定的明主呢？韩信还要再最后测试一下、判断一下。于是他抛下自己根本瞧不上眼的汉营粮饷官的职位，设计了一出"月下夜走"的好戏，豪赌一把就是了。

赌赢了，建功立业的人生大门就此打开，也就是相当于拿下了大龄青年的"锦州"；赌输了，那风险就很高了，因为韩信本身是从项羽那里投奔刘邦的，如果再从刘邦这里再次离开，在那个乱世中先后离开刘项这两个当世王牌队伍而去，要想崛起就相当难了。

说到剧情的庸俗桥段，同样选择赌一把大的，还有小说《倚天屠龙记》里的赵敏。赵敏郡主人生的那座"锦州"城是什么呢？是张无忌即将与周芷若姑娘拜堂成亲。

当然赵敏的战略抉择本来也有很多条路可走：比如放下"锦州"，盼望张无忌以后有一天能回心转意；或者张周夫妇将来可能熬不过七年之痒，张教主终究念念不忘于赵郡主这朵红玫瑰；又或者赵敏放下身段，以后再找时机围着张无忌多创造些不期而遇的浪漫、慢慢纠缠……这些路径，大概都有一定的可行性的吧？

但无疑，对赵敏最有利的战略抉择还是打"锦州"，即全力阻止张无忌与周芷若成亲大礼。

虽然这是个高风险的赌局，但是一旦打"锦州"得手，那么赵敏拿下"东北"（张无忌的心）就只是时间问题。而一旦占据"东北"这个大后方，赵敏想要"稳稳的幸福"就有了立足点，进可攻，退可守——正如小说里后来剧情发展的那样。

相反，一旦赵敏攻打"锦州"失败（张无忌与周芷若成亲既成事实），那赵敏就危险了：且不说要破坏掉有众多江湖豪雄到会的婚礼现场这件事本身很危险（参加婚礼的六大门派都对赵敏恨之入骨，周芷若在那天更是差点亲手灭了赵敏），就算破坏婚礼失败之后还能够全身而退，赵敏大概也只能在"东北"（张无忌的心）的外围慢慢蹉跎人生时光了。

但正因为赵敏清醒地意识到自己的终极目标是与张无忌成为一对神仙眷侣，所以赵敏就有全局思维，就有穿透性的判断眼光：打下"锦州"（阻止张无忌与周芷若的婚礼仪式），就能卡断"东北"与"华北"之间的通关要道（张无忌与周芷若不太真实的爱情关系），从而使得攻陷张无忌之心就只是个时间问题。

有了这样的战略判断与抉择，赵敏她才敢有勇气高风险地赌一把，才敢斩钉截铁地对张无忌说道："你要就随我来，不要就快些和新娘子拜堂成亲，男子汉大丈夫别婆婆妈妈、狐疑不决。"

设想一下，这一局赌下去，当着千万人的面，假如张无忌没有"随我来"，那她赵敏以后还有脸再去纠缠张公子吗？而这也正是周芷若当天"新妇素手裂红裳"、彻底与张无忌决裂的原因所在——新郎在婚礼上被情人吸引、当众丢下新娘子跑路了，这脸丢得实在太不可思议了。

实际上，无论是真实的历史里人物，还是虚构的小说角色，抑或是生活中每一位好学上进的大龄青年，前方可堪分析的"锦州"城还有很多，很多，无限多。

有兴趣者不妨套用这个逻辑去试试，这里就不继续展开了。

六

自然，一个人有一个人的"锦州"，一个企业也有一个企业的"锦州"，二者在本质上并无区别。

事实上，完全可以这么说，每一个成功的企业，或每一个企图迈向成功的企业，在它们的成长足迹中，必然一定曾经有过或注定将会有一座"锦州"城要拿下。

早年间，腾讯的那一座"锦州"城，应该就是那段最艰难的时光：马化腾开价 300 万元人民币四处兜售 OICQ 不成功，转身咬牙从同时代的竞争对手 CICQ、PICQ、网际精灵等等的混战中突围，并将 OICQ 更名 QQ。

回头复盘，当初的腾讯，其实也是只要拿下"锦州"（坚持做 OICQ、并将同时代的竞争对手远远甩在身后），"东北问题"的解决（击败当时最主要的即时通信工具微软 msn 在中国的存在）就只剩下时间问题，此后，进一步"解放全国"（成为国内唯一即时聊天工具、扩展更广泛的关联事业）也就有了可能。

用这个逻辑思考，那么遭遇了美国对芯片禁运后的华为公司，它要拿下的那座"锦州"城池是什么呢？大概是华为的鸿蒙操作系统。

只要拿下了"锦州"（鸿蒙操作系统），华为就有了"东北"大后方（各类终端应用市场），进可攻（工业物联网、智能电动汽车等），退可守（智能家电、智能家居与智能穿戴设备、智能电子产品等）。当然本文作者并不了解华为，也不熟悉电子信息行业，这么对号入座不一定对，但逻辑上或许大致差不太多吧？

大龄青年如此，生长中的企业如此，一个国家在其成长的不同阶段也同样注定不可避免地要遇到打不打"锦州"这个战略抉择问题。

比如对于美国发起对华贸易战、科技战后的中国来说，前方的那座"锦州"城池是什么呢？应该是掌握核心科技。那个"东北"根据地是什么呢？应该是制造业产业高端化转型升级。终极大目标是什么呢？是建成一个雄立于世界发达国家之林的现代化富强大国。正如上述逻辑，在这个风起云涌的世界大势变幻中，我们中国人要想不被那些 90% 的事务分心分力、坚持做好那 10% 的"战略抉择"，就必须要心无旁骛，毫不动摇，始终怀有全局思维，始终能以穿透性的判断力去审视正在发生着的一切变局，而不必为那些非关键事情患得患失。

七

正是"锦州"这座城池，拉开了人与人之间的最大区别。

有的人，清醒地看到了他人生中的那座"锦州"，并且坚决果断地拿下了它；有的人终其一生，从来就没意识到有一座"锦州"城池曾在他生命中那么明确地存在着，而他却没有珍惜；有的人，虽然模糊地意识到了他人生好像有那么一座"锦州"城池，却因为对自己人生的终极大目标不甚明了，从而缺乏全局思维，难以拥有穿透性判断力看见他的"锦州"城在何时、何地乃至是他生命中的何人；有的人，已经明确地意识到了一座"锦州"城出现在他眼前，但他出于这样那样的顾虑，并没有下定全力拿下它的决心，或是一开始就把主要精力浪费到打"长春"中去了……还有的人，还有其他各种情形可以列出。

这个世界依旧一日不息地转个不停，庸庸碌碌者依旧对现状满心欢喜，浑浑噩噩者依旧每天睡到自然醒，而中国的大批进步青年们也依然在全力以赴地打拼，那些追求止于至善者也依旧从未停下划向彼岸的船桨。

也许我们至今还不能够参悟透人生的价值究竟为何，但不能不同意苏格拉底的那句古老名言："未经思考的人生不值一过。"

亲爱的青年读者，若你已步入大龄之列，你是否想过拿下你人生里那一座叫作"锦州"的城池呢？

如果是，那么请盘算好你手中的筹码，盯牢你的终极大目标，带上你的全局思维，运用你穿透性的判断力，找到你人生中的那座叫作"锦州"的城池，押上你的全部赌注，火力全开，不计风险，不顾前后，不怕损耗，全力拿下它吧！

老人家说了："那就是一个伟大的胜利。"

意志
THE WILL

从荣耀之地重新开始

愿万里归来，
你不是慕容复

一

1978年10月的日本东京，斑斓的秋色中，渐渐有了寒意。

正在访问的小平，却心怀温暖。

不知是接待方有意还是无意的安排，下一站京都离东京有370公里远，路程有点尴尬。坐飞机太近，坐汽车大概又得四五个小时，都不是太合适。于是主人乘机极力推荐日本国宝新干线高铁，这样在一衣带水的穷邻居面前，既可以骄傲满满地显摆一番，也能向彼岸大陆的潜在市场兜售一下高铁生意。

在"光-81号"高速列车上，主人问客人乘坐新干线感想如何？

小平温和地笑了笑，好像有点腼腆、又似若有所思地说："就感觉到快，有催人跑的意思……"

其时，东京到大阪的新干线是世界上第一条高速铁路，而当时全世界所有高铁加起来也就两条，都在日本。

1978年，中国人的主要交通工具还是自行车或者是两条腿。假如要出远门，那就是全家头等大事了，毕竟买一张火车票很难——

而且，大部分人也买不起。

那一年的中国铁路又是一副什么光景呢？全国 80% 的铁路上，跑的竟然还是 19 世纪英国人发明的蒸汽火车，跑起来一路冒着冲天烟柱。火车平均时速多少呢？刚过 40 公里。

随着小平访问日本的画面传回国内，时速 210 公里、子弹头一样的新干线，在当时国人心中留下了科幻一样存在，神奇而近乎遥不可及。

时间追月赶星。

40 多年过去了，如今中国人在季节里出游，复兴号动车的设计时速是 400 公里，实际运行时速 350 公里，高铁已是中国普遍的出行交通工具。

世间无难事，只要肯登攀，大概说的就是这样吧。

即便彼此的鸿沟如同望穿秋月那样遥远，只要你有恒心，只要你愿追赶，总是来得及的。"祝融号"都能去火星着陆了，望月算什么鸿沟呢？

二

这就好比在今天，假如你是从深山乡寨里来的村长大叔，第一次来到繁华都市，坐上昔日村邻儿子的无人驾驶的电动 SUV 汽车穿行在城际之间，那个青年人问你感觉如何，你会是一番什么心情呢？

你总不能说山乡里的人还在为向左铺路、还是向右架桥争执不休吧？作为村长，你得善意而坚决地告诉人们，观念必须出大山，外人必须进来，假如路途崎岖而遥远，那就披荆斩棘趟道，摸着石头过河。

在向左走还是向右走的争论中，徒然浪费了大好时光。

在巨大的现实实力差距前，就算赢得了一切争论，就算在争论中拿到了话语权的神杖，最终又赢得了什么呢？在家里争论固然也能使人辨明念头，但再坚强的念头也不是孤立于世界的绝缘体。

你很难将19世纪的蒸汽火车开进21世纪的国际赛道，就像你很难穿着19世纪的旧礼服走入21世纪的会客厅。

松软的地基上，建不起自尊的灯塔。一个人的影响力，也无法靠形式支撑。

没有硬实力支撑的底气，走到哪终究还是心虚。反过来说，在人们的仰慕目光注视下，财富榜上的潮流人物说什么好像都在理，哪怕其实他们也曾屡屡失算，但信徒们出于本能都会选择性失明，比如曾经红极一时的某些共享单车连押金都不退，再如有些曾经风头一时无两的地产巨富也因高杠杆退潮而黯然神伤。

一场实践中的大胜就可以覆盖掉无数争论。

为什么潮流大神们的话听起来好像总是有道理的？因为他们成就斐然、自带光芒啊。假如他们还是哪个学院的英语教师，哪个咖啡店里常谈理想的创业老兵，又或者是哪个勉强守成的前代旧传奇，那么他们再说些什么改变社会啊、世界啊、天下啊这种不着边际的话，你看他们时的表情估计就会像以为遇到了那个曾经的网红"犀利哥"了。

并不是他们的话没道理，而是他们失去了硬核内容的加持；也并不仅仅是哪个大神的话全都有理，而是他的舞台遍布镭射灯。

人们总是天然缺乏安全感的群体，总要向光而生才踏实。在这一点上，人类与大地之上的其他动物、植物其实并没有多大本质区别。

因此，无论你是多大单位体的领导者，你都必须经常性地保持胜利的熟悉节奏，你必须让胜利或希望的光芒去照耀人心。

假如你错失了一个又一个战略窗口，一直不能打场大胜仗振奋人心，物质产品总是大幅落后于人，那么，即便昔日你曾经是神一样的存在，你也终将逐渐失去信徒的真正支持。

再虔诚的商业院信徒也是人，而人都是趋利避害的。人需要当下的或照向未来的光，而不是昨天的荣耀。

三

前些年间，网上曾有很多吃瓜群众分享一个"热点"：一位企业的 CEO 率领集团高层访问腾讯，随后这位老哥发文说腾讯高层称赞他率领的国际团队像个"小联合国"。

就在这位老哥言语之际似乎颇为自许的时候，来自网上吃瓜群众的刻薄留言却真让人很想替他找个地洞钻进去——

"他的江湖地位，已经沦落到上门都见不到小马哥的地步了。"

"他好奇怪，这十年一直在原地踏步，很好的基础呀，一个风口也没捉到……互联网，电商，社交，智能家居，无人驾驶，一大堆，可惜了。"

"对于这位先生，我是很佩服的，他每次发头条，评论区几乎都是清一色的骂声，谁能做到？只有他做到了。"

诸如此类的嘲讽与奚落，实在是很伤人。

犹记得昔日该企业轰动一时的对外并购，当时媒体是如何的狂欢与盛誉啊，那代表了多大的意味啊？隐喻多么吉利。

风流尽被风吹雨打去，这位老哥的身后留下一片萧瑟。这种情形，犹如这一刻的影视潮流宠儿已是属于当红新人了，那些五六十岁的昔日明星还出来扮邻家小哥小妹装纯情，那么观众就会报以呵呵呵了。成大哥与徐老怪关系虽好，但他终究也不再适合出演打虎英雄，威虎山的九爷是张涵予。

曾经赞我宠我的是世人，如今罪我非我的也是世人。不是世人朝秦暮楚，而或者是你的光华已经不再适合新潮流，或者是已经长期没给他们看见金色的云彩，或者是你无法通过内生新动力来保持基业长青的时代光芒。

也许曾经你是光，是电，是唯一的神话，但人们需要的不是"曾经"，而是这个神话一直不老。

假如你的眼界、智慧、能力、体力、身段都跟不上时代了，不能再引领潮流了，却还以弄潮儿自居，那么那些个吃瓜群众就会毫无同情心地把你的神话改编为笑话。有什么办法呢？世人就是那样趋炎附势，那样势利。

如果到了这个份上，那你就不能再对过往的荣耀恋恋不舍。要么，你就沉默着在长年寂寞中苦修内功，寻找时机重新崛起；要么，就懂得寻找新的接班英雄，及时让贤。

这并不是说一个人年纪大了就不能干大事。世人在打量一个行业带头大哥时，也未必在意他的年龄。廉颇虽然老矣，但照样可以领兵杀敌，伏枥老骥照样可以是志在千里的骏马，英雄暮年也一样可以壮心不已。但如果你总是不能赢得胜利，总是一再错失时机，总是难挽颓势，那不论你是否正值盛年，世人眼中的你都是一副老态龙钟的模样，看见你散发出来的都是暮气沉沉，这个时候，你自然就不该期待舆论还能温言温语，自然就应该及时新老代谢，让新的英雄率领兄弟们翻山越岭，给世界以新的想象。

从古人类至今已有400万年历史，有文字的文明史至今却只有约0.6万年历史，因此在潜意识里，人的动物本能还是大于人性。群居动物最是无情，它们总是选择最强大的那个领导，一旦狼王、狮王、猴王、鬣狗王们衰弱，不再能领导族群强大，动物群体就会依靠本能抛弃它，并遴选出新头领替代它。因此，没有人会真正关心他们的头领苦不苦、累不累，人们看重的都是谁能带领他们迎风飞翔。

不断向前进的胜利者才能自带光芒，裹足不前者与后退者即便有功劳簿在身，也总会被人们悄悄扫进后院。

这很无情，很残酷，但也正是希望所在。

四

但物质胜利的意涵，已不总是财富排行榜。

在人人穷怕的年代出门遇见光鲜锃亮的世界，即使是赚钱的流氓也会受人羡慕，甚至是嫉妒的。改革开放之初，人们不是曾经甚至都不管你是干什么的，就羡慕你作为"万元户"的光荣吗？

但如今能赚钱者如过江之鲫，如果这时还拿炫富当成功，那就显得多少有些浅薄了。你看今日财富榜上那些真正有被世人礼赞的，必然是他在财富之外还有重要的社会价值内涵。

其实在以往我国古老的传统意识里，说到最广受推崇的人生价值,"事功(在今日社会更多地被理解为物质财富)"只排在第二位。传统中国深受儒家思想影响,而儒家将人生价值分为三个层级,即《左传》里的"太上有立德,其次有立功,其次有立言",排在第一位是立德,第二位才是立功。虽然儒家思想已在近现代社会浪潮中被冲击得七零八落,功利主义与物质主义早已大行其道,但毕竟两千年来积累下来的文化潜意识在中国人心中也不可能完全消失,尤其是当人们基本都温饱有余,当中产阶层日益壮大,不再对物质财富如饥似渴,人心的聚光灯自然就会有所偏颇,人们会逐渐打量起你的财富在"社会价值"这杆秤上能称出几斤几两来。为你带来耀眼光芒的,也逐渐不仅仅是来自你的产业身段,更在于你的财富能造就与释放多少社会价值与精神。

这就是某些商业路数不断遭人诟病的原因。比如说,早些年间曾有一个揶揄的说法,说是当谷歌在研究量子计算机的可行性、自动驾驶、阿尔法狗超级人工智能时,国内的搜索引擎公司却在挖空心思为搜索计价排名、莆田医院导流、贴吧广告、快餐外卖而殚精竭虑。

这或许说得有些夸大其词,毕竟谷歌也不是什么纯洁的白莲花。但事实就是一家企业是否令人尊敬不光来自它的市值,唯利是图固然也是企业生存发展的本能驱动,但假如唯利是图到不在乎底线,驱动企业向前的不是正向的社会价值观,那么迟早会出大问题。比如在传统企业界,一个"三聚氰胺事件"就能让三鹿品牌这个曾经奶粉产销量连续15年全国第一的企业破产,那如果再出现几个类似"魏则西事件"呢?企业规模大并不是护身符,成败也不仅仅取决于眼前占有的市场地位。

不要拿人民群众的利益当儿戏,人民群众很厉害的,古人早就明白了"水能载舟，亦能覆舟"的利害关系。所谓"其兴也忽焉，其亡也忽焉"，这种兴衰的故事在中国历史上是很多的。在迎面而来的世界里，你的技术、金钱、流量、风口都必须建立在有益于社会的价值观之上。将来真正影响着你是受人尊敬还是遭人鄙夷的，乃至决定一个企业能不能长久立得住的东西，是你通过产品与服务所体现出来的商业价值与社会价值的双重内容。

正因为如此，近些年来才会有人这么总结说：高手比拼到最后，武功剑术都已是第二位的竞争要素，第一比拼的是胸怀、眼光、意识、境界以及由之形成的价值观。

在谙熟中国传统文化的金庸武侠小说世界里，历来真正受江湖人由衷敬仰的英雄们，或者是郭靖那样为国为民的大侠，或者是令狐冲那样大是大非的清醒赤子，而绝不会是迷失于金钱与权势的杨康、不择手段谋取利益的左冷禅，抑或是道貌岸然的伪君子岳不群。

《天龙八部》开场就是"北乔峰，南慕容"的赫赫江湖传说，可是历经一番又一番的江湖风波恶之后，慕容复的价值追求、品行与武功逐渐现出原形，于是萧峰（乔峰）最后一脸鄙夷说出了一句书中名言——

"想不到我萧某大好男儿，竟与你这种人齐名！"

但愿万里归来，你不会是慕容复。

五

有了饥不择食的物质胜利，有了社会价值，已经大不易，但这还不够。

就在热热闹闹的互联网风口不断城头变幻大王旗之际，华为投入研发经费数以百亿元计，任正非等人率领团队十数年如一日地"对着一个垛口冲锋"，在一路向前的途中发出了"理论无人区"的困惑与忧虑，在外部制裁的困境中研发出鸿蒙系统；与此同时，腾讯并不满足于QQ，还要在内部与己为敌，张小龙们数年如一日，默默研发出了微信以及其他甚至都可能没有机会来到这世界上的产品；而阿里的达摩院与平头哥也面壁十年图破壁，平头哥开放自家技术和平台，说要与中小企业一起搞芯片，阿里云智算中心也业已锋芒乍现；百度则似是知耻而后勇，除了在自动驾驶领域持续发力之外，又陆续发布了自研的超导量子计算机"乾始"以及量子计算软硬一体化方案"量曦"，大有静水流深之势。

在世界这个超大级竞技场上，那些既能耐得住寂寞、又敢于挺身向涛头立的那些个弄潮儿更受上天垂青与偏爱。

"耐得住寂寞"，是因为天道忌巧，要成为上华山论剑的绝顶剑客，那还是得研发与不断打磨自己的核心技术、建立自己的长期核心竞争力。

研发你的核心内容，这比哪种风口、哪个浪尖更可靠。设想一下，如果萧峰没有降龙十八掌、令狐冲没有独孤九剑、张无忌没有九阳神功，那他们怎么能在江湖一轮轮险恶巨浪冲击下长期站得住脚呢？若没有自己的研发根基，任我行今天给你发个制裁令，左冷禅明天给你列个出口管制清单，稍不留神，估计就够你将江湖路走得跌跌撞撞的了。

"挺身向涛头"，是因为时代变化太快，没有人可以随随便便一直独领风骚，所以就必须一直保持对趋势的敏锐嗅觉，保持对危机的敏感直觉，保持对新事物萌芽的警觉。

因为按部就班的社会内在文化使然，日本错过了互联网创业浪潮；因为对趋势的危机感的迟钝，曾经的日本制造神话也会爆出丑闻，其中尤以神户制钢大规模造假最令人震惊——日本高铁新干线采用的，正是神户制钢的材料。面对一次次日式鞠躬的画风，曾经在中国人心中科幻一样存在的日本国宝新干线，是不是现在觉得它们也不是不可超越的呢？

潮流来来往往，从没见为谁停留过。

时代是向左，还是向右？它只是飞驰向前。

六

你是经纶天地也好，随遇而安也好，不管你是奔赴明日敲锣上市的王者，还是今天信马由缰的旅客，唯愿所有都登上时代列车的人们都能在车上找到体现自己价值的那个位置。

而不要身在其位，却仅仅以晒昨天的头等舱为荣。

宋人潘阆有词《酒泉子》曰："长忆观潮，满郭人争江上望。来疑沧海尽成空。万面鼓声中。弄潮儿向涛头立，手把红旗旗不湿。别来几向梦中看。梦觉尚心寒。"

在你创业、就业、作业的路上，你可否曾遭遇了"梦觉尚心寒"的时候呢？不必在意吃瓜群众的风评冷暖，也不要回头看，更不必停留。

身逢这个激烈变化的大时代，即使在荣耀与光环之地，真正弄潮儿的选项也唯有一次次寂寞地再上征程，一番番孤独地冲锋陷阵。

所有的油腻中年，
都是最值得奋发的人间青春

曾经忽如一夜秋风来，满屏都在讨论油腻男。"油腻中年"这个话题，一度引发无数身在其中的人对镜自照，然后是潜藏在自我揶揄下的一丝丝焦虑。

这要是在过去，大概会让永远的少年齐白石很不爽，他大概会跑去找了民国知识分子中的第一"网红"鲁迅先生，他们就会讨论起了这个事情。

回来后，齐白石应该是心情大好，想必当晚就会记下心路历程与部分聊天记录。以下是模拟的齐白石日记节选：

一

四五十岁的年纪是什么样的？男人四十是否一枝花我并不知道，但我四十岁那年是年轻而近乎幼稚，以至于那时我到底在忙啥都记不清了。

不过我记得五十来岁那年。当时觉得大好年华，应去北漂，没想到刚入京就碰上了辫子军张勋搞复辟，只好去天津躲一下。两年后我回到北京，和宝珠新婚，宝珠生于光绪二十八年八月十五，那年大约18岁吧？我记得是的，宝珠很喜欢临摹我的画，足可以假乱真了。

当时我就想，青春真好啊，我才56岁。

青年就得有青年的样子，人总得有点精神。

二

从前我听三国，说书先生讲到姜维北伐时，"蜀中无大将，廖化作先锋"，说的是蜀国能征善战的大将都已亡故，无人可用了，只好让年近八十的廖化冲在前头。这让我心里挺为难过的，蜀地青年豪杰都跑哪去了呢？神机妙算的诸葛亮一生还是白忙一场啊。

谁知后来才知道好多戏台走马灯似的那些角儿，唱得竟多是些暮气沉沉的旧戏，要不就是沉迷于靡靡之音，哪里有什么青年人的蓬勃精神可言呢？

大家都说我这个时代是黑色的。正所谓国乱思良臣、家贫思贤妻，黑色的日子里总是盼望奋发之声，有个青年周树人常用一个叫鲁迅的笔名在报上呐喊，不过奇怪的是，人们听见了，不但不怪他多事，还挺精神。

有一次我碰见周树人君，就问他，这黑灯瞎火的，大家睡得正香，你却嚷嚷得这样起劲，为什么诸君不烦你呢？

周君就弹了下烟屁股上的灰，说，你看这年月正如这烟，马快就燃尽了，将与这黑的夜一道，被大地的泥土覆盖，于是就有了明天。明天会好吗？先前我并不知道，假如明天还是阴云密布，然而乌云后面是有太阳照耀的,乌云终不能长久,恰如我写的黑色里有多彩的光,人们往往就快乐起来,便不觉得这人生如何苦了。

周树人君的话总是那么难懂。这并不是他装高深,民国的白话才开始,半文不白是常态,因此我并不介意。

但我也大概懂了周树人君的话。我于是问,假如明天是彩色的呢?

周树人君笑了笑说,彩色里面嘛,却又有致命的黑色。你看那七彩太阳光的背后,是有黑子的。斑斓的人生使人迷茫,恰如黑色的人生使人想念光。

哎!周树人君又开始说不易懂的话了。

周树人君笑了起来,为什么忽然说易老呢?因为凡是愁绪过多、纵欲过度的诸君,都是衰朽得快——我之所谓衰朽,并不是指物质的身体,而独在精神而言,白石君你是知道的。

周树人君目光炯炯起来,看着我说,齐白石君啊,你是美育的健将,定当远离衰朽,哪怕是画几只虾也是好的。不要小瞧虾。虾是透明的心,明心见性即是虾。将来的人明白过来,总会以大虾的称谓赞美那时代的健儿,虽然你未必见到那一天,你的后代且等着瞧。

我于是决定以后多画些大虾,周树人君说的其中哲学也许可以见一些也未可知。

三

周树人君的话真是激励人,总能让我感觉到光,感觉到无限的欣喜。

于是我又问，市面上都在谈论"油腻男"的情形，那又到底是怎么回事呢？

这回周树人君不但是笑了，而且是大笑，他敲了一下桌子说道：油腻男这样的存在，也许是有，也许是没有。所谓油腻者，是广大女子所不喜见，且为磊落豪雄所鄙薄。女子不喜见，是不能有爱的幻想；豪雄所鄙薄，是恶他浪费了大地的粮食。

从前人们说，廉颇老矣，尚能饭否？廉颇须发虽白，雄心壮志却不见得如何老。司马迁的记载是他尚想且尚能为赵国力敌强秦，征伐疆场。曹孟德曰：烈士暮年，壮心不已。暮年尚且壮心，岂有年纪轻轻而谈油腻的道理呢？

若非吃饱饭而闲出了衰朽，还有别的可能吗？这些人，缺的是在疾苦环境里血与火的锤炼，譬如说到西藏边疆修路、西北沙漠植树、南海大浪里戍边，不如此，大约是不能救他们的。

何以所见有许多油腻男？这在弗洛伊德看来，大约可以判断说，一人眼里常见的东西，即多为他心里本有的——譬如世间的蜜蜂总是见到花，而绿头蝇总是见到翔，为什么你总是见到油腻男呢？大约只有两种可能：第一你已经油腻了，第二大约你担心自己油腻了。

这正如我总在黑夜里见到一点星光，白石君总是容易见到彩色。假如是常年枕戈待旦的军人、奋发挺进的实业家、披肝沥胆的教育家、孜孜不倦致力于公共事业者、勤劳耕耘于大地的农民、搏击于风浪里的渔民，凡此种种奋发奔赴于人间工作的人们，你会见到油腻男吗？想必是不会的吧！

四

说到这里，周树人君又敲了一下桌子说道：有许多事，原也不必说出来的，这并非虚伪，而是人非禽兽已经很久了。兽有毛，鸟有羽，人可以没有衣吗？匹夫或英雄未必一定高明于禽兽，但他们知道自己身上已经没有了羽或毛。

因此，衣冠是衣冠，禽兽是禽兽。衣冠与禽兽是无法混为一谈的，齐白石君你是美育的战士，你是比我更清楚其间的意义的。

从前也有英雄的大唐伟业，也有雄健的罗马帝国，可惜都沉沦于无休止的集体萎靡与荒淫，须知精神一旦集体沉沦，物质社会的衰败就不远了。蓬勃而健康的运动可以振奋人的精神，反之却可以引导大众奔流而下，以至于污泥。

法国那边新近有个青年叫萨特，他说存在并不存在，而在我看来却是流行使存在发生。民众本是乌合之众，社会流行什么就追逐什么，崇尚什么就模仿什么。民众本有原生的力，可以排除一切险阻，勇敢攀登向上；也可以牛入沼泽地，越陷越深。

这在19世纪还是22世纪，并无什么不同。

五

齐白石君可否读过尼采的书，譬如《查拉图斯特拉如是说》？假如没有读，我念其中一些给你听吧：

"你们跑完了由虫到人的长途，但是在许多方面你们还是虫。从前你们是猿猴，便是现在，人比任何猿猴还像猿猴些。"

"我教你们什么是超人，人须是被超越的。"

"人生是多灾难的，而且常常是无意义的：一个丑角可以成为它的致命伤。"

"创造者所寻找的是同伴们，而不是死物，也不是羊群或信徒。创造者所寻找的是共同创造者，他们把新的价值写在新的表上。"

"在人群里，我遇的危险比兽群里还多些。"

"我觉得人是一个太不完全的物件，人类之爱很可以毁灭了我。"

"你们必须是先有了一个模糊混沌，才能产生一个跳舞的星星。"

六

齐白石君，你是负有美育之光辉的，不要被这颓废的流弊所染。这正如尼采所说，一个人若不能听命于自己，就要受命于他人。

你是听过叶芝那首《当你老了》的诗，人们夸誉它，你不要听它。不要盲从世人。这首诗本来是可以有一百分的，但它于结尾处堕落了，所以它只配得到五十分，甚而在我看来至多只有三十分。简而言之它是不及格的，因为它本来可以这样写：当你老了，头发白了 / 睡思昏沉，炉火旁打盹 / 我会取下这部诗歌，慢慢浇上酒精，点燃你的躺椅 / 然后说，起来！不要浪费这大好青春。

叶芝这样的蠢人，写了满世界都赞叹的诗，为何始终不能被他爱慕的女子垂青呢？因为他并不知道，真的女子恰如真的英雄，是看不见萎靡庸人的。忧愁哀思并不动人，相反，狂放的青春才是耀眼的生命。

而你看耀眼青春，实与什么年纪并无什么关系。

雄起是雄起者的通行证，苟且是苟且者的墓志铭。人类的历史业已证明，将军的归宿是战场马革雪埋，竖子的人生是床上葛优躺。

齐白石君啊，你于是且大约可以这样说，去你大爷的油腻中年，我一生都要青春还怕是来不及。

七

听了周树人君的一席话，我早已经是大汗淋漓。

我终于明白为什么他的话虽不很优美、却有长久精神意义的缘故了。对朽衰者来说，周树人君不愧是民国第一"毒舌"，鲁迅先生的江湖名号不愧是赫赫响亮的"鬼见愁"。

周树人君的话犹在耳畔，我似乎已看见生命的力在我心里生长，生长，生长。

诸君啊，我要告诉你们，小平76岁领导改革开放，鲁冠球72岁战死沙场，任正非43岁时才开始创办华为……甚至于如我齐白石者，也在78岁时与妻子宝珠生下了第七个孩子。此心不油腻，人生又哪有什么中年呢？人历亿万斯年由虫进化为如此神妙生灵，既生而为人，则人之一生唯有奋斗到死而已。

八

于是在21世纪，世界卫生组织制定了一个标准，60岁以下统统算作青年。

身姿
THE POSTURE

谁持彩练当空舞

最后一枝罂粟花：
为什么要清楚权力边界？

一

从一个跑腿的小伙计，到中国首富，胡雪岩用了 30 年。

从中国首富到一贫如洗，只用了一天。

胡雪岩的这一生，像极了他的名字：胡雪岩，即"为什么是雪中山崖"之意。他的人生之路本来犹如大雪封山，仰头是万丈绝壁，他却找到了攀岩的藤条；可是等到他费尽千辛万苦，终于爬到了人世的峰顶后，却又遭遇雪崩一样的巨变，一切都瞬间被吞噬，就好像什么都没发生过似的。

好像他不曾是个穷放牛娃。

好像他不曾富可敌国。

富可敌国本是个夸张的成语，形容一个人财富巨大，但在胡雪岩这里，它却是货真价实的比喻：高峰期的胡雪岩，个人资产一度达到白银 3000 万两，超过了清政府的国库储备金。

晚清政府虽然积弱积贫，但它巨大的身躯与人口摆在那，仍是世界大国。胡雪岩竟以一人之财胜了一个大国的财政储备，实属骇人听闻。

更没想到过的是，如此金银满堂、呼风唤雨的胡雪岩，最后竟然在贫寒交迫中离开了人世。

世人都说，经商要学胡雪岩。

可是到底学他什么呢？是学他发迹时的勤勉与胆识、步步高升里的长袖善舞呢，还是学他高空坠落里无可奈何的悲歌警讯？

过去，大家都同意中国的秘密在农村。没错，从解决近代中国社会面临的国际国内双重矛盾的角度而言，"农耕社会"的属性一直是中国两千多年来的主体。

但是，从传统农耕社会转型到现代中国，从这种转变进程的波诡云谲与现代社会面临的重大陷阱来说，则现代中国的隐患在胡雪岩。

二

胡雪岩生活在清朝道光、咸丰、同治、光绪年间，童年时是个安徽绩溪的放牛娃，没上过私塾，所有学识都由父亲传授，且只传到他12岁时为止——那一年，他的父亲去世了。

生活窘迫的胡雪岩，一个大概相当于今天小学生的孩子，就不得不孤身一人从浙皖古道辗转向南，先后寄身于杭州等地的粮行、商行、钱庄之间，从扫地、倒夜壶等杂役干起，凭着踏实与勤奋，总算换得了一个"伙计"的身份。

随后的胡雪岩运气不错。钱庄掌柜无后，视胡雪岩为亲生，弥留之际将钱庄托付给了他。如果按这样的人生路数走下去，胡雪岩应该能够养活自己，娶妻生子，将一生交代过去。

但他遇到了一个人，生命的轨迹从此改变。

这个人就是王有龄。

胡雪岩到底是如何认识王有龄的，史料上并没有确切记载。小说里演绎的胡雪岩早前挪用钱庄500两银票，相助王有龄入京找通关系，使得空有"捐官"虚位的王有龄得以实授了个浙吏官职，纯属虚构，并非事实。

但这不是重点。

重点是王有龄任湖州、杭州知府期间，胡雪岩居然转身一跃，代理起了朝廷州府的"业务"，办起政府性质的丝绸行，用衙门的钱扶助当地农民养蚕，再就地收购生丝，运往沪、杭，脱手变现后再解交浙江省"藩库"，中间不需支付任何利息。

胡雪岩从中收获丰厚。

是不是很熟悉的味道？随着某人就任某市当家人，某个商人的业务迅速在全市扩张，该商人的公司短时间急速崛起，风头一时无两。

一点也不难想象，有了朝廷州府的委托与支持，胡雪岩的生意很快越做越大。

从丝绸、药店、店铺、钱庄，到军队粮械、政府漕运，随着湖州知府王有龄一路高升至浙江巡抚，胡雪岩的生意四面开花。时值太平天国、西方联军侵华的乱世之秋，胡雪岩掌控下的商业竟然握有浙江一半以上的战时财产。

胡雪岩攀上了人生的第一个巅峰期。

让今日很多胡雪岩的崇拜者想不到的是，其实到了这个时候，胡雪岩已经无限接近了悬崖。

实际上，胡雪岩的故事本应就此终结。

他所以能逃过一劫，不过是纯属侥幸罢了。

三

1861年冬，浙江巡抚王有龄自杀了。

表面上，王有龄死于太平军。太平军围城两月，杭州城粮尽，甚至发生了人吃人的惨剧。身为巡抚的王有龄苦撑不弃，城破之日杀身成仁，尽了一个封疆大吏的节义。

但实情是，城本不必破，王有龄本不必死。

因为彪悍的左宗棠大军就在靠近杭州的安徽、江西边界，只需他挥师东进，杭州之围便立时可解。因为太平军李秀成部根本无心恋战，他们行的是"围魏救赵"之策，围攻杭州是虚，调动清军以解"天京"（今南京）的困境是真。

但左宗棠大军却一直徘徊在皖赣边界，就是不入浙江。

左宗棠学历不高，中举之后一直考不上进士，只能以幕僚身份跻身官场，所以立功心切，热爱表现，经常吹牛说自己是当今诸葛亮。并且左宗棠也确实有才，领军打仗很有一套，这从他日后收复新疆的战功可知。这么一个大神，为什么不近水楼台先得月、入浙江大显神通呢？

因为曾国藩密令左宗棠勒马观变，坐等王有龄城破人亡。

曾国藩为什么要看着王有龄死呢？

因为王有龄的领导叫何桂清。

《清史稿》上对何桂清的评价完全是负分。身为两江总督的何桂清，人品确实很烂，抢人家老婆不说，还在太平军兵临常州时，打死打伤求他留下守城的士绅数十人，弃城逃跑，东南官民对之人神共愤。

但若说何桂清是无能之辈，却并非事实。

还在何桂清担任类似今天教育厅长时，他就上书朝廷，痛骂本省领导在军事上的懦弱，并拿出了对抗太平军的具体方案。等到何桂清就任浙江巡抚后，他大力整顿地方军队，从财政上给予八旗中央军强力支持，并与浙江提督邓绍良等人合作，多次击败太平军，收复徽州府、宁国府等浙皖两省多处失地，深受朝廷军机大臣彭蕴章赏识与支持，称之为"能臣"。

太平天国攻破清军"江南大营"后，何桂清却以功劳升任两江总督。正是在他的财物强力支持下，"江南大营"得以重建，并一度攻克镇江、九洑洲，合围了太平天国总部的江宁。

以一个区区教育厅长的身份，一路干到包围太平天国总部，要是何桂清没点真本事，怎么可能办得到呢？事实上，若非这家伙意志与胆魄不足，外加不得人心，近代史可能真就没有曾国藩的湘军什么事了。

这就绝不是湘军精英层愿意看到的了。

太平天国以拜上帝教鼓动人心，与两千多年传统儒家精神背道而驰，不可能受到社会的普遍支持；而且精神领袖洪秀全一入南京就早早开始享受，上层领导腐化而内斗激烈，最终酿成"天京事变"，杨秀清、韦昌辉、秦日纲、石达开等各个核心的"王"死的死、走的走。所以明眼人一看就知道虽然太平军势头看似很猛，实际却不可能长久。

这样的话，由谁领导去剿灭太平军就是一件不世之功了。

这件功劳背后不但有名垂青史的无尽荣耀，还有实实在在的无数封赏、爵位、财富，哪个有抱负的能臣干将不怦然心动呢？事实也证明，后来曾国藩、胡林翼、左宗棠、李鸿章的湘军集团能主导晚清政治大局，湘军能出15个总督、14个巡抚，全拜剿灭太平天国所赐。

与湘军争夺这件不世之功的，何桂清算是主要竞争者了。

而王有龄是何桂清的同乡、主要辅助者之一。

所以身为湘军核心力量之一的左宗棠，怎么可能发兵去救援何桂清系统的王有龄呢？

假如左宗棠及时发兵，帮助王有龄击败"发匪"，那还不是彰显王有龄、何桂清们守土抗敌有功嘛！还不是进一步加强了作为竞争者的何桂清集团的功劳嘛，又能有自家的湘军什么好处呢？

只有王有龄的浙江丢掉了，曾国藩、左宗棠的湘军才能去拿回来，扩大湘军势力版图。因为毕竟名义上同为朝廷军队，湘军只能收复贼匪侵占的失地，而不可能从同僚手中夺取朝廷的封土。

在不世巨功面前，牺牲一个王有龄算什么？

所以就可以看到，当曾国藩取代何桂清成为"两江总督"后，久拖不决的"何桂清弃城逃跑案"很快就有了定论，在曾国藩的力主之下，朝廷最终置众多求情声于不顾，在北京菜市口当街处死了何桂清。

曾国藩的湘军要崛起，何桂清集团就必须衰落。

即使在儒家仁爱、克己复礼的面纱之下，两千多年的庸俗政治也从来一点都不温良恭俭让，有的只是千年不变的你死我活。

那么，糊里糊涂夹杂在其中的胡雪岩又处于什么位置呢？那个时候，帮办打理浙江财政的胡雪岩，正是王有龄的左膀右臂，何桂清集团的得力干将。

连何桂清、王有龄都死了，胡雪岩能活吗？

皮之不存，毛将焉附？事实上，如果不是受王有龄之命出城买粮征粮，被围困在杭州城的胡雪岩，结局也必然和王有龄大同小异。

在曾国藩、左宗棠、李鸿章的湘军大业中，他们都应该是烈士。

胡雪岩能逃过这一劫，但并不代表他就真的从此逃出了权力斗争牺牲品的旋涡。东方不是西方，胡雪岩不是特朗普。历朝历代，凡是以商人身份卷入政治权力争夺范畴的，很少见到能够落得好下场的。

这是因为以商人的思维模式，即便生意版图做得再大，也并不足以理解透东方大历史背后的政治逻辑。

四

买了大批粮食的胡雪岩，因为太平军封锁了交通而无法进入杭州城，只能眼睁睁地看着王有龄城破人亡。

王有龄杀身成仁了，胡雪岩又该去哪呢？

乱世之秋，闹饥荒的不止杭州城，左宗棠大军也好不到哪里去。因为缺粮，左大将军的部队已处于士兵哗变的边缘。左宗棠心急如焚。

然后胡雪岩就孤身一人去见左宗棠了，就如他13岁孤身南下谋生时一样。

然后胡雪岩就把20万石大米送给左宗棠了。

然后左宗棠对这位雪中送炭的大商人就感激不尽、信任有加了。

在左宗棠的提携之下，胡雪岩因祸得福，生意逢凶化吉，并从此更上一层楼——毕竟，左宗棠作为晚清"中兴"的一代名臣，其能量之大，远非区区一个王有龄可比。

此后，胡雪岩被左宗棠委任为总管，不但再度主持浙江全省钱粮，其胡氏钱庄还经办军饷，协助购买军火，钱庄甚至大量受理清军从战乱中掠夺来的钱财存款。短短几年，胡雪岩就将钱庄、药店、丝绸、茶叶发展到遍布江浙，家产超过二千万银两，加冕"大清首富"。

长袖善舞的商人胡雪岩，随着官商之路可谓越走越远，生意版图一步步遍及天下，企业的规模从早年的掌控浙江半省财产，直至到富甲大清天下，个人财富直逼朝廷财政收入。甚至多位朝中大臣、满族王公、亲王贝勒也都成了胡雪岩"阜康钱庄"的客户。

故事到这里，看起来一帆风顺，完美得不能再完美了。

故事到了完美，一般都是悲剧的开始。

这样的剧情并不稀罕。

比如早年间多少有着各种"神奇"创业传说的老板们事发入狱，比如这些年来屡屡抓出的腐败大案也足够震惊历史的了，它们哪一个背后不站着一个胡雪岩的影子呢？几乎每一个腐败案件背

229

后，都搭档着几个商人凋零的身影。

几乎很难说清有多少个这样的故事在恣意发育着，生长着，不受控制地走向它们的宿命——瞒天过海，或者万劫不复。

假如只是从道德、法律、纪律层面去刨根问底的话，一定是刨不清楚、问不到底的。

在权力与商人暗度陈仓的背后，埋藏了多少颗官员、商人、社会三败俱伤的种子？它是不是发芽，或者什么时候发芽，只是看时机是否合适罢了。

一旦公器私用之后，身在其中的人，并不像他们想得那样能在人性欲望的高速公路上有效掌控好车况。在欲望的奔逐中，车辆的任何一个车轮子出问题、甚至是哪个微不足道的零件脱落，都可能造成群体崩溃的新闻，有时候甚至是其他边缘欲望之车的一次变道、一次碰擦，都可能足以吞没一切。

最终，在那些商贾官僚们起起落落的悲剧故事背后，令人惋惜又有多少壮志雄心沦陷，多少昔日的社会精英一夜白头，它同时也是一个社会文明要走向未来必须避开的沼泽地。

不要都将这些悲剧归因于哪些个具体的人，也不要都用道德的逻辑去分析。在这些悲剧故事的深处，是推翻旧社会"三座大山"后的第四座大山，是催弱中国现代化进程的慢性病毒，是伴随着古老的大陆农耕文明生长出的一枝妖艳的罂粟花。

这一枝罂粟花，就叫作"权力崇拜"。

它们的源头，是两千多年辽阔大陆的农耕文明。

五

"权力崇拜"本是人类社会共性之一，非中国独有。

不同是，在古代中国社会，它更根深蒂固、更深入人们骨髓，其生命力之强劲也更历久弥新。

这种意识的形成，是由传统中央帝国辽阔而不断扩大的统一疆域、构成大陆农耕社会所必须的稳定环境、"儒表法里（外在表面宣扬儒家、内在实际运行法家）"的治理结构三者合力造就的。其中牵涉巨细，说来太过话长，我曾在前文中略略涉及一二，此处不再延展过广，只作简单分析。

古代的地方官员，有一个特别称谓，叫作"牧"。比如三国时袁绍为冀州牧，刘备也做过徐州牧；即使在法儒精神兼备的《管子》一书里，第一篇也叫《牧民》。什么是牧呢？牧就是放牧。但它可不是说草原上牧马人的，而是论述如何统治人民的。

人民居然可以用"牧"来统治，难道人民竟然是马牛羊吗？在古代统治者心里，差不多是这意思。民多愚则国好治，愚民跟马牛羊一样，都是国家的驯化的对象——只不过说得好听点罢了，叫作"教化万民"。

虽然儒家一直劝勉朝廷说应当"民为贵，社稷次之，君为轻"，但在社会的实际运行中，这个嘴上的次序却一直是倒过来的：君最贵，江山第二，人民最末，兴亡都是一个苦。

牧，这种骨子里的权力傲慢，一字见真章。

这样两千多年一直"牧"下来，就驯化出人民丧失了独立思考的能力，脑子里固化地建立了对权力的绝对畏惧、绝对依附以及绝对崇拜。

官是什么呢？是父母，是老爷，是主子，所以都叫父母官、官老爷。与之相对的，人民当然就是小民、仆人、奴才了。

哪有一点"民为贵"的影子呢？

这当然既是帝制社会"家天下"运行逻辑的必然结果，也是法家"强君弱民"思想实践蛮横压榨下的残酷现实。但同时在另一方面，哪怕是以仁义忠孝为号召、以礼教为形式的儒家思想，不也是以确立天下尊卑秩序、保障社会稳定为现实诉求吗？自汉代开始，董仲舒更是将儒家的礼乐治国理想改造成了一套论证帝权天授的天人感应之说，将阴阳五行的内容与儒家的政治社会哲学结合起来，衍变出了"国君为臣民之纲"是来自于"天意"，当然也正是因为给予了帝权法统正当性的论证，儒家才很受历朝历代统治者的欢迎，最终也才获得"废除百家、独尊儒术"的垄断地位——尽管帝国实际的权力运行逻辑是"儒表法里"。

一个新王朝的建立，从来靠的都是暴力，哪有儒家什么事？但是一旦确立王朝政权的战事大局已定，儒家就大受欢迎了，因为它非常有助于帮助统治者驯服人性、收服人心，最终达到教化人民、固化社会的统治目的。

孔子念念不忘的是恢复"周礼"，那么一共四万多字的《周礼》到底是什么呢？说来实在枯燥无味，全是流水账一样记录了西周三百多种不同官位及其职责。除了君王的各种国家大典的礼仪外，甚至对不同官位的人应该如何穿衣、吃饭、用什么寝具与餐具，都有非常细致而严格的规定，所以《周礼》也叫《周官》。

儒家思想固然因其有超越时代价值而熠熠生辉的精神内涵，然而不可否认的是，孔子一生努力的现实政治目标之一，正是通过礼乐之教试图恢复繁复的"周礼"，从而进一步达到恢复尊卑秩序社会的目标。

对于辽阔大陆的农耕文明来说，这种严密的尊卑秩序实际上很有利于社会稳定，从而保护好十分依赖于天时的农耕作业。可以说，"礼乐"秩序不但是辽阔大陆农耕文明的进化结果，客观上说，它对农耕社会来说也是有利的、合理的。（详见本书前文《旧式人情关系，为什么会侵蚀组织的未来？》）

但是当时间走到了近现代，稍微想一下，就知道强调尊卑秩序的这种主张是与现代精神背道而驰的。

现代社会的一个特征是所谓"祛魅"，英文是 disenchantment，直译过来是醒悟、不抱幻想。在什么事情上醒悟过来呢？就是从屈膝膜拜的神权中醒悟过来，拥有了质疑、批判与反思意识。这种"祛魅"意识一旦普遍，那么其对应的社会行为所及，在西方社会而言，必然会掀起相应的宗教革命与解放运动，从而将个人与社会从教皇与教廷的神权掌控中解放出来，肯定人的自由意志与权利，转型到世俗化的现代社会。

在东方社会而言，"祛魅"则既可以是指从原始的巫与神构建的蒙昧世界中觉醒，也可以更近一步地认为是祛除从汉儒到宋儒的"皇权天授""天命"之说。特别是严复翻译的《天演论》，将"天演"比作本体，是宇宙进化的过程；而"物竞""天择"为用，是宇宙进化发展的表现，"变动不居为事者也"，即事物不断变化，没有固定形态，"物竞天择，适者生存"（参见《天演：论严复对现代性的解读》，景天魁、杨玲），这可以说是直接否定掉了儒家所说的人间纲常伦理尊卑秩序与"天道"相对应的理论基础。

儒家原本相信"道之大原出于天，天不变，道亦不变"，可是祛魅之后，"天"既是不断变化、没有固定形态的，也是无知无感、无善无恶的客观存在，那么人间的"道"当然也就可变了（参见《祛魅：天人感应、近代科学与晚清宇宙观念的嬗变》，张洪彬）。如此一来，依托于"天道"建立的人间纲常礼教这种社会尊卑秩序还有什么正当性可言呢？既然作为纲常伦理尊卑秩序理论基础的"天道"都不存在了，人们当然有理由在现实革命中去推翻皇权及其延伸的官僚与地主乡绅权力、宗族权、父权、夫权等对个人自由的控制与束缚，去打碎封建权力的枷锁，去推翻奴役，去解放人性，去实现人在现实世界与心灵世界的双重自由平等了。

很显然，隐含在纲常伦理下的权力尊卑秩序正好与现代精神相反。

现代社会竞争需要的核心动力是创新，而创新的种子来自于心灵的平等、自由、活泼，来自于打破常规的开拓、探索、合作与分享，可这些基本诉求又怎么可能在这种层层叠叠的尊卑秩序下开花结果呢？

这当然也并不能责怪人家儒学。除了这种寓于儒家伦理思想之中的权力尊卑秩序本身就是辽阔大陆农耕文明进化的合理结果之外，所谓"溥天之下，莫非王土；率土之滨，莫非王臣"，既然每一寸国土之上的人都是国君的奴仆，那么作为传统帝国社会皇权控制下的儒生群体，他们其实都不过是权力尊卑秩序的顺从者与执行者罢了。

毕竟，对于传统帝国社会的士人阶层来说，无数宦海浮沉的荣辱故事告诉他们：不向权力靠拢，就不得好活；不向权力臣服，就不得好死。

自秦汉帝国以来，历史读来读去，都是以"权力"为中心的历史。所谓成败得失，说的都是哪个国君明、哪个昏；哪个臣子忠，哪个奸；哪家兴，哪家亡……无一例外，它们全是围绕"权力"展开叙述的，鲜有作为独立个体层面的记录。

权力崇拜，作为两千多年辽阔大陆上农耕文明社会自然发展的结果，已经内化为东方社会基因之一，仅仅只有一二百年的近现代革命运动实难轻易革除掉它。

以至于到了民国时的近现代社会，权力拥有者及依附者仍然视自己为天下主人，依然可以对社会无所顾忌地予取予夺，那朵"权取商势"的罂粟花瓣依然迎风招展。

而近代中国企业家们从诞生之日起，就无法摆脱对权力的心惊胆战。

比如民国的企业家先驱们。

六

民国的企业家是有过"黄金时代"的。

那是第一次世界大战期间及其结束前后的二三十年间，世界物资普遍匮乏，市场需求旺盛，再加上民国政府稀里糊涂站队"协约国"一方，派出大量劳工参与战事后勤工作，鬼使神差地赌对了方向，于是作为"交战国"与"胜利国"的中国企业家们不必担心销路产品问题，只需开足马力生产就是了。

但到了1930年代后，市场趋于饱和，日子渐渐就不好过了。正是在这样的情形下，1934年春夏之际，无锡荣氏兄弟的申新公司就遭遇了经济危机。

荣氏兄弟的公司是民国超级企业。创办人荣宗敬、荣德生兄弟是我国近代著名实业家，即国家前副主席荣毅仁的父辈。荣氏兄弟创办的纺织、面粉等21家企业"在衣食上拥有大半个中国"，是享誉民国的"面粉大王""纺织大王"，也是毛主席口中的"我国民族资本家的首户"。

这样一家公司遭遇危机，背后是十几万工人及家属的生计，其对民国社会稳定的影响实在堪称是东南半壁江山的大事。

荣氏兄弟于是向南京民国政府求助，希望能得到贷款支持。民国中央政府一定施以援手了吧？

手，的确是伸过来了。

不过不是援手，而是权力的贪婪之手。

时为民国政府实业部长的陈公博，盘算乘着荣氏公司危机，以救助之名行"蛇吞象"之实，准备由财政部拨款300万元接管荣氏价值高达8000万的产业。好笑的是，陈公博最后之所以没有得逞，还是因为财政部长孔祥熙也跟他一样在觊觎荣氏产业，特别不想让陈公博的实业部独吞他们眼中的这块"肥肉"。

逃过一劫的荣氏企业，两年后再遇第二劫，这次是扮演狼外婆的是宋子文。

到了1936年初，纺织市场仍然处于棉花贵、纱布贱的"倒挂"行情，生产一件纱就亏本一件，但不出纱的话工厂就要倒闭，荣氏公司的危机并没有缓解。荣宗敬只好找到民国中国银行求助，却不料正中银行董事长宋子文的下怀。

宋子文一年前就已谋划以增加资本、发行公司债、以债券来还旧债的方式来吞并荣氏公司的方案了。其吞掉荣氏公司的方式也很见他哥伦比亚大学的经济博士派头——简单直接！他说："申新这样困难，你不要管了，你家里每月两千元的开销由我负担。"

最后只是由于其他银行家的反对，宋子文才悻悻罢手。

这两次劫难真是让身为企业家的荣氏心惊胆战。根据傅国涌先生描述民国企业家传记的《大商人》一书记载，荣宗敬连当面拒绝宋子文的话都不敢说，只是在之后与人说起时表情痛苦到要哭的样子。

其实荣氏兄弟并不孤单，傅先生笔下的另外几个著名实业家都曾遭遇到类似的险恶算计。

抗战胜利前夕，宋子文又想要吞并民国"火柴大王""煤业大王"刘鸿生的煤矿，就几次找他商量，要与他合营。既怕又恨的刘鸿生无力抵抗，不敢拒绝，又不能答应，只好聘请"中统"首脑陈果夫、陈立夫CC系的人担任总经理，利用宋子文与"二陈"的矛盾，从而避过产业被吞掠之灾，却从此处处受宋子文的打击。

在权力群狼环伺中艰难求生的，还有民国赫赫有名的卢作孚"民生公司"。

卢作孚是一个立志以实业救国的民族英雄，他一手创办的民生航运公司，不但在与英美船队长江竞争中胜出，而且是在抗日战争中为民族立过大功的。

傅国涌先生在书中记录了这些民国企业家们惨烈的壮举：

1938年，抗战最紧张的时候，若非卢作孚不舍昼夜地亲自制定运输方案，亲自指挥民生公司22条轮船打破长江枯水期航运规律，无条件出死力抢运，那么那些遍地堆积在宜昌的9万吨军用物资、兵器航空工业设备、机器工业及轻工业设备是不可能逃过日军的轰炸，而那可是当时中国仅存的一点国家元气。

假如这些物资没了，则中国在二战时就再无生产能力了。

此后，民生公司又抢运出武器弹药30多万吨，运送出川军队270万多人，民生公司为此损失高达400万元之巨，死伤船员近200人，但他们像战士一样义无反顾。

晏阳初说这是"中国实业史上的敦刻尔克"，《大公报》说它"撤退的紧张程度与英国在敦刻尔克的大撤退并没什么两样"，卢作孚自己则说"我们比敦刻尔克还要艰巨得多"。

就是这样一个真正的民族英雄企业，宋子文、孔祥熙竟也一直想据为己有。

宋子文先是安排其兄弟宋子安做了民生公司董事，接着又让他掌控下的中国银行投资民生公司，这样他就可以成为民生公司董事长了。早就看中民生公司的还有孔祥熙，几次想通过中央信托局名义投资民生公司、出任董事长。

不能如愿时，宋、孔就处处刁难民生公司。

民国那些做出规模的企业家，表面上是人前人后一马平川的繁花似锦，其实无时不处在风雨飘摇的黑夜里。

卢作孚说："我自从事这桩事业以来，时时感觉痛苦，做得越大越成功，便越痛苦。"斯言已矣，其中辛酸甘苦也许只有身当其中的人才能体会得到吧！

勤勤苦苦一生经营，最后能不能善终却只有天知道。

文艺青年们怀念的民国腔，不是对历史残忍的无知，就是惺惺作态的矫情。只需看看那些真正民族的实业家们的传记，你就会知道他们在面对民国政府重重摊派、搜刮时是怎样的敢怒不敢言，又在内心深处对权力的巧取豪夺是怎样地如惊弓之鸟状。

申新九厂的厂长吴昆生就曾在凌晨四点醒来，看见荣氏兄弟中的大哥荣宗敬一个人在放声大哭："我弄勿落了（吴语，不好办了、乱套了的意思），欠政府的统税付不出，政府却要来没收我几千万的财产，这没有道理！我现在一点办法都没有。"

其实早在1927年，荣氏兄弟就因为没有认购足国民党摊牌的50万元库券，而被蒋氏当局密令查封产业与家产，通令军警缉拿。

什么鬼黄金时代？

不过是权力吃人的时代罢了。

七

近现代中国的新民主主义革命已是非常彻底的解放运动了，对传统意识的打破非常深。

比如第一次建立了上层建筑下的乡村基层组织，第一次取消了地主阶层，第一次实现了男女平等，第一次破除了封建尊卑礼序而号召人民当家做主……但近现代革命结束几十年了，社会也推倒重建、焕然一新了，可是两千多年传统社会的巨大惯性所及，根深蒂固的"权力崇拜"旧意识仍然深植在很多人心中。

从客观上来说，包括土地革命、取消地主阶层、解放战争、新中国成立在内的"新民主主义"运动，是对"权力崇拜"旧意识的一次暴风骤雨式的摧毁。

但是，历史却并不是那么简单的加减法，并不是一下子就能将"权力崇拜"意识从社会中剪除掉的。"权力崇拜"意识不是从天上掉下来的，也不可能一夜之间从地上消失。

历史这条大河，总是曲折地、迂回地向前奔流不息的。

因此，当旨在推翻旧社会、旧制度、旧文化的新中国建立后，"权力崇拜"意识并没有完全退出历史舞台，反而很诡异地在大地上又来了一次大迂回，并在上世纪六七十年代演变成了登峰造极的个人崇拜运动，造成了深深的社会创伤，伤痕至今依稀可见。

那其实是历史惯性的延伸。毕竟"权力崇拜"意识已经在这片土地上运行了两千多年之久，仅一二百余年的近现代革命与革新运动哪里是它敌手呢？如果说社会运行形态上的革命已然不易，那么要革新根深蒂固的社会意识只会更难。

即便到了后来，经过现代文明一次次风吹雨打，这枝罂粟花已没那么花枝招展了，但残留部分却依旧在风中摇曳——这就是被主流舆论屡次要求纠正、被人民群众深深厌恶的"官本位"思想。

事实上，一些地方部门的权力也确实曾任性过。这方面曾发生过的一些具体案例与社会现象就不去列举细说它们了，而对于此种不良风气心有戚戚焉或是怀有忧虑的企业家们及投资者们恐怕也有不少吧？

这样的担忧其实也是来自大历史的延伸。

诚然，正如我们看到的那样，资本仅仅由于它天然的逐利本性就容易胡作非为，资本的市场行为当然需要被监督、约束与制衡。我们也都知道一旦不设条件地放纵资本横行，就必然导致"恶"的发生，危及社会公共利益，例如华尔街资本肆无忌惮的巧取豪夺，例如韩国财阀垄断社会的绵绵黑暗，例如中国也曾不断曝出互联网金融恶性诈骗案、恶性儿童假疫苗案、计价搜索排名恶性劣医害人案、三聚氰胺牛奶案等事件……这些客观的现实都说明了资本是不能没有严肃监管的，这已经是普遍共识。

但同时，也不能放纵权力对企业恣意妄为。权力的行使，必须首先要在过滤掉权力崇拜意识之后，必须以人民利益为最终归依，而不能是为了哪个利益层面的地方保护主义，更不能是为了哪个官员的权力尊严或是任期内的政绩需要。

像当年仰融与华晨汽车那样的故事，无论当初是出于哪种名义正确的理由，终究都是一个社会需要全力避免的悲剧。为了能掌控一颗明珠而不惜让它可能破碎，这种权力任性的坏情绪绝不是理性的，它是现代文明的背面。

因为如果不制止这种社会心理的出现，就会无形中增加企业对投资长线未来的疑惧，从而抑制那些真正有能力走向世界的企业家群体自觉涌现——毕竟，如果没有内在的笃定与洋溢，又如何外争雄长呢？

忧惧权力也好，取悦权力也罢，这些残留的权力崇拜意识又怎么能够有助于一个社会的现代文明建设呢？就算以形而下的现实世界竞争所需，也当须知没有公民人格上的平等、心灵上的活泼、精神上的丰足，是不可能催生伟大科技突破的，也因此无法真正引领现代世界向前。

当一个社会的一些地方与一些群体潜意识里还残留着权力崇拜思维时，一些企业就难免把心思花在攀附权力、投机取巧上以及所谓人脉网络搭建上，试图通过行贿与取悦哪方面的权力去获取商业想象空间。这样建立起来的企业放在国内或许看起来还能通过爆买与兼并手段取得一时的表面繁荣，但拿到世界上凭什么去跟人家直面竞争呢？

一个优秀的现代企业，应该以其卓越产品在世界面前赢得尊严，应该凭着它的光辉理想与追求成为人类社会进步的标杆，应该以其极致品质与服务去造福社会民生，而非将心思放在怎么迎合哪个领域的权力、琢磨哪些领导的个人喜好上。

一个现代社会的心灵价值光芒，从来都建立于人格独立、平等、自由与活泼的基础之上。

商人如果热衷权力崇拜，那不但是对企业家创业、创新、创造精神的亵渎，也势必会把企业自身置入不可测的危险之中。

八

1885年11月，当家产被朝廷钦差查抄一空后不久，62岁胡雪岩便于一贫如洗的凄风苦雨中郁郁而终。

胡雪岩是因为什么被抄家的呢？

据记载，胡雪岩以超常胆识投资2000万两巨资设厂囤积生丝，以图击败洋人对中国生丝市场的操纵把持——然而不幸流年不利，遭遇了欧洲生丝产地意大利大丰收与中法战争爆发等事件，天时地利人和都不对，结果胡雪岩在与洋人的斗法中败下阵来，造成150万两白银亏空。雪上加霜的是，胡雪岩为了挽回损失，随后又到上海做银钱投机生意，再次大亏400万两。

两次巨亏引发了信任危机，再加上时年市面银根紧缩，胡氏"阜康钱庄"随之爆发了一系列挤兑风潮。在各种债主、顾客泰山压顶之下，胡氏上海总部及各地钱庄纷纷倒闭。

钱庄的破产又进一步引发官场反弹。因为包括恭亲王奕䜣、大学士文煜在内，众多王公大臣在胡氏钱庄的存款也随之蒙受巨额损失。

清政府于是立即出面查办胡雪岩，一代商业枭雄就此烟消云散。

但压倒胡雪岩的真是亏空吗？只是550万两亏空，就能摧垮长袖善舞的中国首富胡雪岩了吗？即使不说不是，也至少不仅仅是。

如果从胡雪岩的起家过程、时代人事背景分析，你就会发现胡雪岩的溃亡是大概率事件。

因为在胡雪岩跌落深谷的关键时候，左宗棠病逝了——也就是说，彼时世界上保护胡雪岩的最大后台力量已经消失了。但就算彼时左宗棠健在，他也未必能再施以援手，毕竟左宗棠早在去世之前就已经在与李鸿章权力对峙中日薄西山了。

左宗棠既已失势，胡雪岩就不可能不陷入危机。

因为疆防、海防之争，左宗棠与李鸿章早已成了水火不容的政敌。作为左宗棠的铁杆搭档，当财富熏天的胡雪岩遇到了权势熏天的李鸿章，就不能不成为后者收拾的对象。

就像曾国藩不可能救援王有龄一样，就像取代左宗棠、胡雪岩组合的新势力搭档是政客李鸿章、商人盛宣怀一样。

另一方面，胡雪岩经由替左宗棠协办军火而中饱私囊、大发横财，生意因此扩张遍及天下，不可能不引起其他官员反感、弹劾甚至是愤怒。比如时任驻英大使的曾国藩之子曾纪泽，当他从英国人口中得知英国的借款利息仅为三厘半，而左宗棠奏报到朝廷的胡雪岩所借洋款利息却为九厘七之多时，他就愤慨之极，认为这等祸国殃民的奸商，即使以"汉奸罪"加以严惩也绝不为过。

还有旁观者的眼红，嫉妒，以及觊觎。比如胡雪岩的大客户、朝廷大学士文煜就在胡雪岩钱庄倒闭时，仅以18万两银钱就吞没了胡雪岩价值数百万两之多的胡庆余堂。

商人即便身入政治，看见的还是商。

他无法超越自身的局限性。

九

商人为什么必须清楚权力边界？

因为第一，商人的普遍属性，首先是追求利润；其次是追求更大的利润。这就导致了商人有不可遏止的不断扩张冲动，而无限的扩张必然放大人性无限的欲望，而无限的欲望极容易在权力世界里同时淹没官员与商人自己。

因为第二，权力的运行规律，在商人能力边界之外。

商人理解的权力，是商业化的权力；而权力理解的商业，是权力治理下的商业。二者有交集，但本质不同。

王有龄跟胡雪岩说，我的心里头实在有一些恐惧，有一些害怕，我们太顺利了，福兮祸之所倚啊。这是权力跟商人说的，商人没听懂。

胡雪岩逃过了曾国藩与何桂清对峙的第一劫，但没有逃过李鸿章与左宗棠权争的第二劫。左宗棠所以能平定西部极端暴乱、剿灭分裂势力、收复新疆，都离不开胡雪岩运筹财力的鼎力支持，当李鸿章发现这个秘密时，他就决定欲扳倒左宗棠、必先扳倒胡雪岩。区区一个商人胡雪岩，虽有朝廷二品官衔封赏，却又怎能是李鸿章的对手？连整个晚清史都几乎是李鸿章留下的，胡雪岩是谁？

胡雪岩曾风趣地跟王有龄说，我发现商界和政界是一样的。这就是幼稚。他到死也不会明白乱世之中的政界远比商界更危险。

因为第三，官员也是常人，内心也像寻常百姓一样都有光明与弱点。当商人越过权力边界，不断追求利润最大化时，就势必敦促官员不断遮蔽人性光明、放大人性弱点。最终，这种结合将为他们埋下地雷，不爆则已，一爆就是"尔曹身与名俱灭"。

在替清政府向外国银行贷款时，左宗棠多报了利息。以左宗棠自比诸葛亮的心性，他会主动寻求这样的人生污点吗？誓要青史留名的左宗棠，看中的是功业，而不是钱财。他这么做仅仅是为了回报胡雪岩。然而这种回报最终给他们留下了把柄，最后东窗事发。

因为第四，在巨大利益面前，尤其通过权力轻易获得的利益面前，没有人可以保证自己情绪不波动。一旦当权力嫉妒或觊觎商人的财富时，商人的命运就可想而知了。

胡雪岩娶了十几个小妾，自家庭院造得比朝廷亲王府还阔绰，奢华很多倍，这种通过权力延展而获得的超级财富，怎么能不挑战权力阶层的情绪呢？事实上，最后占有了胡府庭院的真是朝廷大学士文煜——胡雪岩的大客户。

经商要学胡雪岩？没有比这更糟糕的商业模式了。

胡雪岩，乃是近现代中国最糟糕的商学院。

也因此，胡雪岩式的故事一天不消失，现代中国社会就没有一天不处于罂粟花包围的威胁之中。

尽管如此，我们后人并无资格批评胡雪岩，胡雪岩的局限是他所处时代的局限。何况胡雪岩对现代中国版图的完整是有大功的：如果没有胡雪岩在中外商人之间苦苦周旋，倾力筹取左宗棠西征所需军费；如果没有胡雪岩在西方军火商之间比较来比较去、以最优惠价格购买20000多杆最新式洋枪洋炮；如果没有胡雪岩以最快速度将军费、军火、军粮运送到西北前线……如果没有这些历史功劳，左宗棠就绝对不可能平定西北暴乱，也就不可能阻止极端暴徒们的疯狂屠刀；如果没有胡雪岩，左宗棠也绝无可能从西北分裂势力与俄国人的勾结中收回新疆，也就不可能因此阻止现代中国版图的缺失。

比起镇压极端组织的疯狂，比起收回辽阔的新疆国土，比起胡雪岩与左宗棠对现代中国的现实贡献，他们的人生污点是可以谅解的。

毕竟，谁让清政府没有财力支援左宗棠平定西北呢？

十、尾声

中华文明自有其优长之处，中国人民自有坚韧不拔精神，中国商业精英自有全球格局与奋发意志——但最终的成败，却取决于我们能不能发扬自身文明中的光芒，并同时避开自身文明中的阴影。

谁不愿意找到这种光芒的源头，谁不想正视此种阴影的存在，谁就不是这种文明的真正热爱者与继承者。

1956年，毛主席在《论十大关系》报告中说："我们的方针是，一切民族、一切国家的长处都要学，政治、经济、科学、技术、文学、艺术的一切真正好的东西都要学。但是，必须要有分析有批判地学，不能盲目地学，不能一切照抄，机械搬运。"

中华民族当然也在一切民族之中，当然要学自身的优长之处，当然要批评地学，当然不能盲目地学，当然不能一切照抄。

21世纪深处又一个全球大变局中，一个新时代来到了。

要相信中国新商业文明已在生长，相信它终将在明天枝繁叶茂，相信中国企业会生命力更活泼、更旺盛、更繁荣、更健康、更国际化，相信中华文明源头是那兼容百家的大融合之力，相信儒家也并非仅仅只有强调尊卑秩序的礼乐，还有修齐治平，还有为天地立心、为生民立命，还有为万世开太平。

站在全球竞争序列的现代中国已不可能走回头路，不可能再徘徊于辽阔大陆农耕文明"家天下"的迷思中，不可能不迎接急剧变化的新时代，不可能不拥抱扑面而来的物联网、人工智能、新能源、区块链、宇宙星空大航行时代，不可能不踏上技术巨变下的人类新浪潮。

它们终将与中华民族源头的创造力一起，在技术上、行为上、并最后在思想上消解"权力崇拜"的旧思想，真正归于"为人民服务"的新实践。

商业创业者们终将明白，他们唯一应该取悦的是人民大众需求，是消费者，是市场，是人类文明进步的巨舞台，而并非大大小小的权力。

权力崇拜者们也终将发现，明日之世界，是企业核心创造力与竞争力的薄厚、而非拥有或攀附的权力多少，才是一个民族立足世界的根本。

人民如果不消除权力崇拜下的自我矮化意识、不从辽阔大陆农耕文明服务权力的巨大阴影中走出；权力本身如果不收敛、不谦逊、不以朴素之心服务社会亿万斯民为根本精神，则在今日现代世界，一个国家之未来断无长久繁荣与长期富强的可能。

两千多年旧传统之中的某些弊病惯性虽大，虽顽固，但浩浩荡荡的历史大趋势却在驱动时代加速奔向更加开放的明日世界。

最后一枝罂粟花，终将在明天凋谢。

中华文明的暗影终将消失，而广阔明天迎来的将是我们中华文明的崭新光芒。

猛人的春天：
一切人身依附关系终将消散

一

人虽然贵为万物之灵，全球人口也已趋向百亿，可是一个人一旦被置于群体中，他还是仍然脱离不了动物群体内部的三种基本归类：衰者或弱者、一般者、强者或猛者。

这里单说猛人。

什么是猛人呢？当然是指那些气魄既大、能力又强、还富有雄心壮志的豪杰。

然而在中国历史上，这类猛人的命运往往并不太妙。这种不妙的命运，通常表现为两类历史情形：

第一类是鲁迅先生曾经描述过的，他说："在中国，凡是猛人，身边总被围得水泄不透，结果使该猛人逐渐变成昏庸，有近乎傀儡的趋势。"

第二类猛人的情形更为不妙，往往是由于猛人自身的光芒太过耀眼，结果使得他周围的人群看着很不舒服，心里很不是滋味，于是就合伙把他扑杀了。

这两类猛人的结局，无论是哪一种历史情形，都是一个社会的大悲剧。

对于"身边总被围得水泄不透"的第一类猛人，就不谈他们如何突出历史惯性的重围了。

这里单论第二类猛人能否走出命运的悲剧。

二

一般人在路上难免会碰上郁闷，猛人既然比一般人能量大得多，那么猛人难免碰上的自然就是超级郁闷了。

公元前260年，一个叫白起的猛人就碰上了超级郁闷。

长平之战，战国后期最具决定性一场战事，在那一战中，秦国第一猛人白起轻松收拾掉了那个纸上谈兵的赵括，狠心坑埋了赵兵四十万，眼看着就要拿下赵国的首都邯郸了。

就在这要紧关头，秦国的行政总监范雎却向秦老板献上了一个建议，结果白起就接到了个通知：卿，你辛苦了，回来歇歇吧，我们要跟赵国讲和了。

狼群都趁着黑夜把羊群给四面给围住了，这也能撤退？白起气得就差吐血给秦老板看了。如果郁闷也有层级的话，这绝对是郁闷中的顶配，因为白起可说是猛人中的最高级。

白起，毕生大小七十余战，"胜败乃兵家常事"这句话对他完全不适用：破楚，灭韩，亡魏，屠赵，他从低级士官一路打到封地为君，硬是一场没败过。梁启超先生后来就专门考证过，战国时阵亡士兵共约200万人，白起一人就经手了100万人。一将功成万骨枯？白起是一将功成（万骨枯×100），其生猛的血腥气让后世读史的人都看得心惊肉跳。

既然是如此猛人，那么跟行政总监范雎杠一下算个述？捎上老板一起翻白眼，那也不是很正常吗？于是白起就向秦老板翻了个大白眼：第二年秦军攻赵不利，老板几次让白起复出带兵，结果白起的回复不是判断说打赵的机会已错过了，就是说自己有病去不了。

等到秦军惨败而归时，白起还不忘嘲讽秦老板道："呵呵呵，当初不听我的，现在怎么样？"

这也倒是句真话。早听白起的意见，按照白起的想法执行，秦军可能也不至于损失如此惨重，而秦老板也不至于狼狈至此。

但像白起这样为了证明自己正确，推三阻四不听指挥，躺在家里等着老板好戏看，往老板伤口上撒盐，可不是什么高明的表态啊。

忘了老板是谁，是世间猛人的通病。

三

战国时被封为"武安君"的仅有四人。

"君"是封赏的最高级，"武安"什么意思呢？意思就是人家是在战场上凭着真刀真枪赚下的这份荣誉。

领衔这个封号的是白起，其次是赵国李牧。

但李牧的成就，赵的老板一开始不理解，觉得一点都不真刀真枪。李牧领兵镇守北部边疆，对付匈奴骑兵的劫掠，他打仗的办法是"不跟你打"，具体来说就是坚壁清野，以逸待劳，不跟匈奴人玩骑马跑得快那一套。

结果匈奴人呼啸着跑来跑去很多次，一次好处也没捞到，每次都被气得大骂李牧是软蛋。李牧笑笑，毫不理会。要骂你就骂，挨骂又不疼。

没想到匈奴人骂得多了，声音就传到了赵老板耳朵里。赵老板竟信以为真，居然真的认为李牧懦弱无能，觉得这种缩头鸟的打法让赵国很没面子，于是就把李牧给撤换了。

撤换了李牧不久，赵老板就傻眼了。匈奴把赵国边境搅和得鸡飞狗跳，而且每次都是眉开眼笑地满载而归，赵兵却束手无策：追不到，防不住，打不过。无可奈何之下，赵老板只好又叫李牧回来。

李牧说，叫我走就走，叫我回就回，你当我有病啊？赵老板说，有病也得工作呀。李牧愤愤地说，我就那老样子。赵老板想了一下，那也行吧。

于是老样子的李牧又回到了工作岗位，继续一步一步实施他的"软蛋"计划，最后等到时机成熟，一举出击，灭匈奴十余万人，使得赵国的北方边境一下安稳了十多年。

数十年后，公元前229年，新一任的赵老板好了伤疤忘了疼，耳根子又开始软，听信谗言，以为力抗强秦的李牧心怀异志，于是就学他爷爷当年的做派，派了自家宗室的赵葱过去，要把李牧再次给替换掉。

外有强秦打上门，内有老板疑心病，眼看赵国要亡，赵国百姓要遭殃，于是郁闷至极的李牧愤怒地拒绝了赵葱。

然而李牧忘了，就算老板甩出的是棵葱，那也是一棵姓赵的葱。

四

巧了，一千三百多年后，猛人岳飞的老板也姓赵。

这是又一个著名猛人的黑色悲歌。

岳飞的猛就不用多介绍了，一条足够：在那个两代赵老板全家老小都被金人绑票的血色年头，大家都是拼了命往南方跑，岳飞却带着兄弟们头也不回地一路向北方暴走。

公元 1140 年，岳飞和他的兄弟们暴走到了黄河南岸边。就在他们豪气干云、准备伸手摘下梦想的桂冠时，接连收到十二条内容相同的短信。

岳飞的梦想，是带领兄弟们直捣黄龙府，在金人的首都"壮志饥餐胡虏肉，笑谈渴饮匈奴血"。现在他们到了朱仙镇。

朱仙镇在今天的河南开封，黄龙府则在吉林长春，两地路程差不多有三千里，够远的。不过对于习惯仰天长啸"三十功名尘与土，八千里路云和月"的岳家军来说，谁管它山高路远啊？照当时岳家军的士气看，要是满足一个条件，一鼓作气暴走下去，直捣黄龙大概也不是梦。

这个条件，叫作"老板的支持"。

换作今天，公司营销总监在外奋勇收复失地，眼看就要干到最大竞争对手总部去了，哪个老板会不支持呢？恐怕高兴都来不及吧。

但大宋的老板赵构却不怎么高兴。一想到那个处于亢奋状态、摩拳擦掌誓言要迎回两个"前任老板"的岳飞，赵构心里就满不是滋味。两个"前任"真要是被你都迎接回来了，那当我这个"现任"是稻草人吗？

越想越不是个滋味的赵老板跟行政总监（又是这个职位的，不是对行政总监有意见哈）秦桧合计了一下，就给岳飞接连发了十二道指令，内容只有一个：速回。

五

在中国历史上，君臣和衷共济、相亲相爱、携手共创辉煌的历史话剧当然也是有一些的，例如齐桓公与管仲、刘备三兄弟与诸葛亮、孙权与周瑜、李世民与凌烟阁群臣，次一点的君臣和平故事也有赵匡胤的"杯酒释兵权"，等等。

但是大部分历史时期，猛人与君主的关系都相当紧张。

某种程度上，古代中国史也是一部不断诞生猛人、摧毁猛人、然后又不断怀念猛人的历史。在这些怀念猛人的长长名单里，除了白起、李牧、岳飞之外，还可以再加上伍子胥、文种、韩信、晁错、郭崇韬、檀道济、于谦、袁崇焕等等一系列明亮的流星。当然内心最黑暗的是朱元璋，据统计，明朝34个开国功臣中，竟有蓝玉、冯胜、傅友德、李善长等30个猛人亡于其手。

无一例外，这些名垂青史的猛人都倒在了为老板鞠躬尽瘁的路上，而凶手却是老板本人。

大明公司的御敌台柱子袁崇焕，是离今天比较近的。他不但为朱家王朝的存亡殚精竭虑、屡建奇功，而且满腹忠肝义胆，结果这样一代名将居然就那样糊里糊涂地被自己的老板凌迟处死，还让不明真相的吃瓜群众咬下他的肉，到底有什么仇、什么恨啊？

失去袁崇焕，大明公司加速度垮了。而这种剧情，只不过是更远的一代猛人李牧悲剧的再次重演而已。李牧，这个最后一位有能力支撑赵国危局的猛人被自家赵老板谋杀三个月后，邯郸城破，赵王被俘，"李牧死，赵国亡"，果然所言不虚。

这就提出了一个历史问题，一般所谓"拆台"都是别人来拆你的台，或者你去拆别人的台，为什么这些老板却偏偏要拆自家的台呢？何况还是自家的台柱子。

不能说这些老板都是昏庸之徒。例如像搞掉白起的秦昭襄王、搞掉文种的勾践、搞掉韩信的刘邦、搞掉岳飞的赵构，这些人可都不是泛泛之辈啊，可以说他们本身也都身属猛人之列。

也不能说这些老板都是心胸狭隘的那一小撮人。小肚鸡肠的老板固然也不乏其人，但当初凭着开阔胸襟办了大事的老板也并不在少数。

所以，问题的关键是什么呢？

只需站在老板的角度想一下，就全明白了。

六

翻开历朝历代当家老板们的苦难史，亡于"猛人级别"大臣手下的老板，简直是前赴后继。

例如，春秋时晋国老板的地盘就被魏、赵、韩三个猛人大臣给瓜分了，战国时的齐国也被田姓猛人给抢过去了，三国时司马懿蓄谋了大半辈子也终于取代了曹老板上位……至于像南北朝、晚唐、五代十国那些乱世，那就更不用说了，那就是个谁生猛谁上位的时代,"彼可取而代之"的例子数不胜数,这还不包括中央帝国和平时期的那些外戚专权故事。

历史上,猛人们卖命打工的环境固然是如此险恶,老板们严峻的生存危机却也完全能让他们常常半夜被吓醒。

无数的前朝往事告诉他们,做庞大王朝的老板,只要一个稍不留神,就可能被哪个潜伏在黑暗中的觊觎者给替代掉了。正所谓"风水轮流转,明年到我家",凭什么就是你坐江山呢?陈胜、吴广就说了,上天也没规定谁生下来就是王侯将相啊。

帝国的老板们眼含热泪默默观察一番后,就会发现两条让他心跳加速的真理:第一,猛人之所以能成为猛人,恰恰就在于他有一种与生俱来的霸气,多半谁也不放在眼里;第二,所谓"大英雄必有大欲望",猛人的欲望又不是那种给一般人封赏待遇可以满足的。

老板不放心猛人,是来自历史血的教训啊。

于是,老板与猛人彼此就陷入了"囚徒困境":一方面,传统社会里的老板们既要借助猛人们的能力开疆拓土或镇守边疆,又要高度警惕这帮拥有超强能力的猛人欲壑难填,没准哪天转过身来顺便把老板一并给"开拓"掉了;另一方面,作为老板对面的猛人们,也是一边给老板忠心耿耿地卖命干活,一边又胆战心惊地忧谗畏讥,害怕哪天老板忽然对他起了猜忌之意。

老板们也没有答案。

在最终谜底揭开之前,谁又知道哪个猛人是鞠躬尽瘁的诸葛亮,哪个猛人是图谋不轨的司马懿呢?袁崇焕引后金兵至北京城外,到底是为了设计歼灭鞑子,还是与鞑子合谋城内的朱家寡人呢?猛人赵匡胤看起来好像一副情非得已的样子,但他诚实的身体不是欲拒还迎地替他的柴家小老板穿上了黄袍了么？

于是在传统中国农耕社会，雇佣猛人本身就成了一个高风险的事情。老板任用猛人差不多就形同掷骰子，雇佣者与被雇佣者的赌注都是自家的脑袋。

这就让猛人与老板彼此之间的信任成本都高到了谁也输不起的地步。就算你胆大玩得起游戏，也赔不起脑袋啊。

七

这个问题之所以无解，首先是由于传统社会本身是一桌"存量饭菜"。

在传统中国社会，除了耕田、做官（含参军）这两件正经事之外，并没有其他增量的谋生空间，连商人阶层都属于被鄙视的下三流行当。于是，猛人也好，老板也好，大家只能一起盘算着眼前同一张桌子上的存量饭菜怎么吃。

在春秋战国之前的周朝，那还是尚属封邦建国的分封制社会：周朝天子本身也就只是拥有一块直辖属地食用赋税，分封给诸王食用赋税的土地则大大小小不等，但那毕竟都还属于他们自个儿可以独立享用的一桌饭菜。

秦汉之后的中央帝国开启了"家天下"性质，比如刘邦、朱元璋就都曾自夸过"他们自己也不曾想到能挣得这么大一份家业"，注意刘老板、朱老板说的是"家业"，不是人民事业。黄宗羲经过分析也发现，历代帝王不过是把江山看作他一人的私产而已。

本质上，秦汉以来的帝王都把"天下"看作他一家一姓的私人独资企业，所谓"溥天之下，莫非王土"。

在这种汉家城阙、李唐江山、朱家疆土等等私人企业里边，帝王与猛人们之间也不是股东关系，猛人们可以获得的收益甚至期权都算不上，而是老板与打工者的那种雇佣与被雇佣关系。

麻烦的不仅仅是家天下的私有，还在于富饶江山有且只有一个主人。而且这个主人还是独裁的，不可并肩的，甚至是不可仰视的。这就决定了那些文臣武将们即使身为一个超级猛人，上限也只能是一个臣服在帝王脚下的、稍微体面一点的奴仆而已。

奴仆与主人同一张桌子吃饭，想象空间当然是有限的。

有无数的场景，足以让将相们愤愤不平地想到：凭什么老板要吃独食？还吃得那么奢侈、那么任性？

也有无数的场景，足以让老板恼怒地怀疑：这些心怀鬼胎的家奴们指不定什么时候又贪婪地偷吃了多少，要怎么看管他们才好呢？

结果大家吃得开心的时光就屈指可数了。

多数用餐场景，不是将相们一边吃、一边感叹伴君如伴虎，就是老板怀疑臣子们心怀不轨。于是，两边都吃得心事重重，餐厅的气氛总是越来越趋于凝重。

最极端的用餐场景，是大明公司最后一位老板崇祯拆了餐厅台柱子袁崇焕不说，他留给逆贼李自成的遗言竟然是"诸臣误我""文臣皆可杀"。这得要多大的愤懑啊，才把这位朱老板气到了咬牙切齿，以至于自己死后还要拜托敌人屠戮一下自己的下属们呢？这种相互迫害的情形实在是太可怕了。

崇祯作为老板固然有其疑心太重的弊病，然而大明王朝的那些貌似十分爱国的大臣们就真的都是无辜的吗？有个事实是这样的：外有八旗兵入侵，内有流寇造反，战事连年之下，大明王朝缺军饷缺到快撑不住了，崇祯就想让大臣们集资100万两白银渡过眼前难关，结果这帮读着圣贤书、平时喊着三纲五常的儒家君子们是如何表态的呢？大家"嗯嗯、好啊"半天，才十分勉强地挤出了一点点牙膏，还凑不够数。他们这么做，是因为大家都是廉洁奉公、积蓄无多的忠臣吗？真相是：等到李自成攻破京师，你猜从这些朝廷重臣们家里一共抄出了多少白银呢？高达7000万两以上！居然是大明王朝府库存银的350多倍。

也就是说，整个大明王朝堂堂的国家财政储备，还不及这帮官僚们肥宅家私的三百五十分之一——毕竟这7000万两白银也只是李闯军抄家出来的，肯定还有没被搜刮出来的部分，可笑乎？可怕乎？简直是骇人听闻。

都是一帮啃食朱老板房梁的蛀虫啊。这帮看起来一脸正气、平时总说什么"食君之禄、忠君之事""愿为老板肝脑涂地"的家伙们，实际上就算眼睁睁地看着老板都快被逼死了，也不愿意拿出贪污来的钱粮救援下老板。嘴上说的都是程朱理学的儒家大义，实际很多人干的活都是偷偷地将老板家的钱粮往自家搬运。

历朝历代的帝国，忠肝义胆的猛人们固然是有，监守自盗的猛人们也从来不缺。

实际上，从早期的白起、李牧们到中晚期的岳飞、袁崇焕们，老板与猛人之间相爱相杀的悲剧已穿越了诸侯分封制、帝国家天下制两种社会，使得这种悲剧看起来具有一种普遍性。

这种普遍性是人性使然，还是传统社会的旧特性使然？它在今天的现代企业与组织中是否还具有惯性？如有惯性，又是否可以普遍避免呢？

要分析这些问题，首先要看到，在维护自身利益这方面，人性通常是很难改变的——而相对易于改变的，则是社会属性与工作属性。

与社会属性、工作属性相对应地，就产生了可供分析的三个可变量：饭菜的规模，饭菜的主人，吃饭的方式。

八

先说"饭菜的规模"这个变量。

好消息是，当传统中国进入现代社会以后，现代市场经济已经取代传统农耕经济成为社会主体，"饭菜的规模"从有限的存量变成了无限的增量，也就是现代社会的各种工业、商业、服务业、娱乐业、自由职业等无数行业工作的出现。

有海量的不同行业职业，那就意味着创造出了海量施展抱负的空间，也就因此可以吸纳无数个大大小小的猛人……市场版图之大，赛道之多，何处不能安放猛人们的雄心壮志呢？政事与军事仍然需要猛人，但猛人却完全没必要像从前一样挤在"官家"一个屋檐下了。

因为释放猛人能量空间的极大增加，"天高任鸟飞，海阔凭鱼跃"，于是过去发生在老板与猛人们之间的猜忌、挤压与踩踏等事故由此被大幅稀释与消解。

再说"饭菜的主人"这个变量。

这个仍是好消息：那桌叫作"天下"的饭菜，再也不是哪一家一姓的老板私产了，而是变成了全体国民所有。

从原则上来说，只要是一个现代国家，它就必定是公民社会，"天下"这桌饭菜的"老板"就必定是在实质上、而非形式上属于这个社会的全体公民。违背这个基本原则的就不能叫现代社会。

既然"天下"这桌饭菜属于所有人，人民才是当家做主的最大老板，因此至少在理论上，猛人们只要全心全意为人民服务就好，而酝酿传统社会那种"主人－奴才"式雇佣关系的旧土壤也就不复存在了。并且，随着公民社会的到来，个人权利的独立与不可侵犯也必然成为不可逆的大趋势，由此，现代国家的猛人们只要不违反法律，就可以不必像古代社会那样忧谗畏讥了。

增量时代的出现，公民社会的到来，这才是中国"三千年未有之巨变"，这既是猛人们生逢其时的幸运，也是每一个当代中国人的幸运——那真不知要比那种只有做奴才权利的旧社会要幸运多少倍。

从这两个方面来说，三千年中国从进入现代社会的那一刻起，它就可谓第一次在实质上迎来了猛人们的春天。

最后来说"吃饭方式"这个变量。

如果说前两个变量"经济主体从农耕模式变为市场经济""帝国社会变为现代公民社会"属于太过宏大的话题，一般人感觉跟自己关系不大，那么第三个变量——"吃饭方式"就关系到大多数人切身利益了。

下面就以"吃饭方式"这个变量，在"企事业单位职场"这个很现实范畴内，来继续分析猛人们与老板们之间的命运关系吧。

九

任何人要做一番事业，要想把事情办成，做精，做强，做大，想要基业长青，都不可能少得了猛人们的参与。越是顶级企业，事业的规模越大，越是少不了一代又一代的顶级猛人们。那些真正伟大的企业与组织，其核心层一定是由各类本领超强的猛人集群构成的。

这不是哪家 MBA 的什么管理秘诀，而应该算是古今中外都一样的普遍常识，翻翻中国历史就知道了。

如果把我们传统社会比作一个大型企业，那么春秋五霸之首的齐公司有齐桓公、管仲、鲍叔牙、公孙隰朋、宁戚、宾胥无、王子城父；汉公司初创时有刘邦、萧何、张良、韩信、曹参、陈平、周勃；唐公司初创时有李世民、房玄龄、杜如晦、魏征、萧瑀、温彦博、李靖、李绩、尉迟恭、侯君集，等等。

基本上，历史上的每一个强盛王朝（企业），都必定对应着一个井喷的猛人群体，他们构成的精英领导集体形成了王朝大树的枝干，撑起了繁茂局面。

但在历史上，这种猛人云集的繁盛面貌往往只是短暂地出现在王朝初创期，为什么呢？因为当一个王朝初创时，险恶的外部创业环境常常造就出老板与猛人群体之间关系融洽的典范：双方不但主仆意识极为淡化，往往还会呈现出某种类似情同父子、亲如兄弟的和谐画面。

但这种创业初期其乐融融的"吃饭方式"，充满着只是"曾经爱过"的虚幻喜感，很多帝国功勋发展到后来，最初的美丽故事往往还是逃脱不了"飞鸟尽,良弓藏;狡兔死,走狗烹""可与共患难,不可同富贵"的陈旧套路。

那么到了现代社会,大大小小的企事业单位职场就一定告别了这种虚幻喜感了吗?还真未必。

任何一种社会文化传统的基因,本身总是十分强大,何况我们的帝国社会又长达两千多年,所以在这种巨大惯性之下,传统中央帝国的光芒与暗影仍然漫长,并深深影响着现代中国人,就算我们已生活在现代社会,也未必能置身事外。传统社会那种猛人与老板之间相爱相杀的复杂关系,因此也一定会出现在很多现代职场中,正如你曾听过的、见过的或经历过的那些故事。

现代职场,尤其是正在到来的新型企业,当然不能建立在这种关系基础之上,但出路在哪呢?肯定也不能是猛人与老板貌合神离或是分道扬镳。

出路就在第三种变量"吃饭方式"上。它的真正伟大之处,正在于它将导致明天将是一个不再区分谁是老板、谁是猛人的新时代。

借助信息技术飞跃发展带来的革命性巨变,在未来中国时代的职场,一切人身依附关系都终将不可避免地被逐步消解一空,年轻人将真正掌握自我命运,他们将在职场中逐步推动并实现人与人之间关系的平等、自由、独立、尊重与分享——在未来中国时代,这些价值将不可逆地成为任何一个现代职场的核心价值。

由此,十亿人口的庞大城市社会将成为新型劳动关系的前沿实验场,成为实现集体利益与个人利益的最大交集圈,将成为每个人充分修炼与实现自我的新空间,成为猛人们交换技能与各种创想的聚合平台。

虽然这种场景对许多类传统行业、许多个内陆县乡地区来说仍然过于遥远，但未来大趋势却是不以当前现状、也不以人的意志为转移的。在正在到来的中国时代，那些不以这些价值为职场关系原则的单位或组织，将一定无法脱颖而出，乃至逐渐被时代边缘化。

"吃饭的方式"在未来由此也将迎来巨变：大多数企事业单位将不再有传统意义上的"老板"与"员工"，人人都将成为管理自己的"老板"，人人又都同时成为服务他人的"员工"，职场将会逐渐变成了一种"我为人人，人人为我"的比较理想化的合作情境。

在这样的新型合作关系大情境下，社会发展趋势将推动每个人寻找自身内在的"猛人"特质。这样，当每个平凡人都进入探索自我"猛人"特质大潮流中时，个体价值与集体价值就实现了最优化的双赢。

这是什么？这是对社会生产力的又一次大规模推动，也是对人力资源的又一次大规模解放。

夸大一点说，就我们的思想、社会与个人的巨变而言，如果说从鸦片战争到1970年代是中国1.0版"解放运动"，从改革开放到现在是2.0版"解放运动"，那么正在到来的未来时代将是一场规模更大、范围更广、性质更深的中国3.0版"解放运动"。

在充分实现对社会与人第三次解放的未来中国，大大小小的职场也必然成为孕育与释放无数大大小小猛人的新土壤。同时，也只有那些能够助推每个独立个体成长为"猛人"的单位，才有机会真正吸引来猛人。

在这样的新环境下，每个猛人在完成他对集体的最优效益回馈的同时，也将实现他自身的以及他之于社会的最大价值。

十

《易经》有语云："群龙无首，吉。"一群龙自由地翱翔于苍宇天际，却没有一个是领头的，这样的情形怎么就成了大吉大利征兆了呢？

如果把这里的"龙"理解成"猛人"，那么实际上"群龙无首"所描绘的，大概就是前面提到的那种"一切人身依附关系都被消解一空"的未来新境界，就是上述那种实现了人与人之间平等、自由、独立、尊重与分享的未来新职场关系。

群龙无首，是表明人们不再把自身的命运与希望寄托于哪个帝王、青天、老爷、主子、贵族身上，是预示着人人都将普遍追寻自己生命的最优价值，同时也是自己与社会关系之间的最优价值。在这样的追寻之旅中，即使最微不足道的个体也都有机会成为独属于他自身的"猛人"，闪耀着他生命独特的光芒，并使得未来中国时代的天空无数群星璀璨。

在这样的天空下，人们既相互连接，又互不依附；在这样的天空下，"望子成龙"的含义也就变成了并不是让每个年轻人都出人头地，而是他能以自身的独特价值绽放他独特的生命光芒，成为一条吻合他社会价值的生命之龙。

遥想当年曾拯救了大明江山的一代猛人于谦，少年时曾赋诗一首《石灰吟》，仿佛早就预言了他与朱家老板之间的悲剧宿命："千锤万凿出深山，烈火焚烧若等闲。粉骨碎身浑不怕，要留清白在人间。"时代已变，这个既古老又时新的中国依旧需要无数个于谦那般的猛人，但相信再也不会有那种献祭于古老帝国职场的粉身碎骨悲剧了。

在这种大趋势中，这个急剧发展着的时代虽有不足，但它的开放与对人更深层次的解放趋势已不可逆。万物互联的社会正在蓬勃兴起，它将彻底改造旧时的劳动关系传统，将彻底消解那些旧时猛人们忧谗畏讥的土壤，将最大化地实现一个人作为劳动者与创造者的天赋价值，使人进一步成为人。

猛人们将真正迎来了一个可以主观为自己、客观为社会的春天。

这样一个更加尊重个人独特性价值的中国时代，将比过去三千年中国历史空间加起来都更值得我们期待。

精神
THE SPIRIT

生于永不消失的忧患

比找不到出路更危险的，
是高山上的自我放逐

一

看了国产大片《流浪地球》很有感触，它有两个地方超出了我预期。

第一是电影的制作水准。冰雪地球、悬崖滚石、木星吸引地球、重型车队、地震与太空爆炸……那种逼真的酷炫感觉，估计就算是好莱坞的制作技术也不过如此吧？如今中国电影人能拿出这个层级的出品水准，这就足够令人振奋的了。

第二是电影情节设计。在以往美国人的科幻片叙事中，不是去其他星球探索新世界，就是其他星球的物种造访地球带来的人类危机，还没见过太阳都要吞噬地球了，还放不下家园，连逃生都还要带上地球一起跑，这个设计不但格局够大，而且很有东方精神，绝对 made in China。

仅凭这两点，就让我那颗平时习惯深度潜藏的自豪感浮出了水面，这次真的是厉害了啊，我的……新世代电影人。

可是我想说的，不是这个。

实际上，电影《流浪地球》带给我的振奋，超出了电影本身。

为什么呢？我说几个事情。

二

我要说的第一件事，是关于文学的。

我国的现代文学，在上世纪 80 年代初期、到 90 年代中期那个阶段，王蒙、王小波、王安忆、张抗抗、苏童、余华、毕淑敏、霍达、刘震云、顾城、北岛等一大批作家是有过精神上的探索的，也是出过一批有影响力的作品的。

可是自从九十年代中后期起，中国现代文学整体上就芳华不再。不少作品似乎迷失了方向，呈现出来的景象就好像是晚清八旗子弟似的，遛遛鸟、逛逛戏园子、谈谈花花草草之类的浮华，有的作品则返过身去沉迷在祖宗的古老文字光影中转圈，好像已经找不到当初激流奔腾的热情了。

作家残雪曾经说过几段话，批评过这种情形，她说："王蒙在新世纪里的表现实在令人失望，不但创作上大大倒退，而且还抛出他那套老于世故的、圆融的传统哲学来毒害青少年，一时居然洛阳纸贵……他的'老王哲学'说来说去就是传统的那套为人、为官之道，他自己不知道有多么自得。可是从那里面你哪里能看得到一点现代性的东西啊？他那种哲学，放到几百年以前也是最好的人生哲学，为官的学问……保持那种白日梦的心态。"

残雪认为："再一个例子是阿城。一开始写过一两篇好小说，马上江郎才尽。这是因为他在传统中浸淫颇深，无法达到更高的境界，现在的社会也不再有古人为文的基础了。结果是非常尴尬，到了后来简直就是在强写，堆砌辞藻了。于是只好放弃，从此不再写小说。"

残雪说的虽然不客气，但她的这些判断至少说出了一部分事实。

虽然人人都喜欢一望无垠的洁白的大雪，但残雪却看到了洁白覆盖下的泥泞。如果我们足够有勇气在夜深人静时分扪心自问，那么我们是否发现那些每几年就评选一番的茅盾文学奖、鲁迅文学奖等等文学盛典，自从上世纪 90 年代过后，这么多年评了那么多奖，你可曾真正记住了哪一部激荡人心的作品呢？又有哪部作品深刻地触动了时代的心房、获得过一致赞誉的划时代影响力呢？

到了 2020 年代的今日，好像没听说过有哪部了不起的文学作品影响了时代吧？事实是，很多作品别说是剖析、思考、探索或至少是温暖这个大时代了，恐怕就连注解时代都配不上了。如果我们不肯粉饰太平的话，那么令人尴尬的是，很多作家恐怕连路遥的《平凡的世界》那种朴实叙事的作品也很难写出来了。反倒是耳闻了不少为了评奖请客吃饭、争得头破血流的囧事来，评奖都快蜕变成了小圈子里照顾情面的事了。

真是可惜了这个灼热的时代。

本来中国改革开放这四十多年来，是一个草莽生长、热流奔腾、人性激荡的时代，可是为什么我们的作家没有创作出划时代的作品、或没有办法至少是把这个灼热的时代表现出来呢？为什么自 20 世纪 90 年代后期以来，我们的社会再也无法涌现出像从前的鲁迅、茅盾、沈从文、老舍、巴金、王小波、余华、路遥等等那样有时代力量的作家了呢？

因为自 90 年代后期以来，在急速变化的时代大潮激荡之下，我们很多作家心灵的溪流就逐渐浑浊了，迷茫了，有一些甚至可以说是枯竭了。

正所谓文如其人，如果一个人精神上没有某种激动、信念上没有某种滋养、眼睛里没有某种光源，又如何叫他凭空创造出一部伟大的作品呢？

其实这也不仅仅是中国作家群体的事。作家群体，也不过是我们的心灵家园在时代大潮面前进退失据之后比较明显的表征罢了。

也就是说，这种现象的背后是我们社会遇到了一个极大的心灵上的困境：20 世纪 90 年代以后，那些古老的文化传统，例如仁、义、忠、孝、礼、信等；近代以救亡图强为主题的革命文化，例如反帝反封建、反纲常礼教、反殖民、反官僚资本等；以及 80 年代初的反思文化，例如伤痕、觉醒、寻找、探索……它们都因为时过境迁，在实际生活中都已不大可能成为支撑人们当前行为的心灵动力了。

这种情况下，面对急速变化的时代大潮剧烈冲击，拿什么滋养一个人的现代心灵呢？客观现实是，在多元的现代思潮碰撞与交融之下，我们富有现代精神的心灵新家园还在慢慢形成过程中，尚未发育成形。

心灵家园正如一块庄稼地，如果你耕耘了很多春天，雨水也丰沛，土壤也肥沃，却仍然收获不了多少精神食粮，那一定是种子在哪个方面遇到了些问题。

这是要说的第一件事情。

三

我要说的第二件事，是电影背后的心灵出口问题。

当说到我国名闻遐迩的电影导演，包括香港在内，我认为最能反映传统文化与现代文化在他们身上碰撞与交锋的，当数徐克、张艺谋、陈凯歌等一些前辈们。

先说我十分喜欢的徐克系列电影。

徐克的电影似乎总有一种说不出的魔力，无论是早期的《笑傲江湖》《新龙门客栈》《黄飞鸿》系列，还是近期的《智取威虎山》，都将传统的东方动作片拍出了魔幻现实的味道。比这更加重要的，是这些富有大侠精神的电影与那些陈旧的打打杀杀的动作片不同，徐克不显山、不露水地通过令狐冲、曲洋与刘正风、金镶玉、周淮安、莫言、黄飞鸿等角色传达出了多样的现代精神、独立人格与自由人性，他们所热爱的与自爱的、深深珍惜的与鄙夷不屑的、执着奔赴的与洒脱舍弃的、默然恪守的与自由不羁的、淳厚古朴的与现代灵气的，处处洋溢，不由得你不喜欢。

甚至是徐克礼请黄霑谱写的那一首《笑傲江湖》曲，于简易的宫商角徵羽之间将古老的东方琴声挥洒出了自在超然的意味，加上那些融豪放与婉约于一体的"沧海一声笑"歌词，可以说给予了忙忙碌碌的现代人多少心灵慰藉啊。

可是一路追看到今天，却发现徐克他老人家近些年来电影的表达形式依然是多姿多彩，但背后呈现的心灵世界却变得有些模糊而飘忽。这种情形从他的《狄仁杰》系列影片中若隐若现，到《奇门遁甲》就更为明显，鬼怪灵异与阴阳八卦之类的叙事开始不断出现，而像早前《笑傲江湖》与《新龙门客栈》等影片里洋溢的那些现代精神，也在他类似的新作品里逐渐暗淡乃至于消隐了。

这真是让我惘然若失。

我想，这种情形的出现应该是跟华人心灵世界的"终极出口"有关。

人生终极出口为什么重要？因为人类几大主要文明的发展都与这个问题有极强的关系，甚至几大轴心文明的根源都是建立在这个基础上的。

我们都知道，到目前为止，每个人最后都终归难免一死，既然如此，人活着的意义又在哪里呢？对于这个问题，不同文明有不同回答。这些答案既成为支撑不同文明能够延绵不绝地存续下来的部分内因，也是推动它们发展下去的有效动力之一。比如说，对于人生目的到底为何的回答，西方文明的答案，是在今世实现"救赎"；印度文明的答案，是寄托在来世的"轮回"；而我们儒家文明的答案，则是通过人生的修身，在心性上实现"止于至善"。

别人家的答案且不论，以我们儒家文化而言，到底要怎样去"修身"呢？什么又才叫作"止于至善"呢？这个问题的回答就比较模糊不一。

"修身"还大概给出了一个路径叫作"格物"，告诉儒生们要通过不断勤学苦读与思索，去"格"出万事万物的"理"，以获得知识与智慧，进而使儒生们的意念真诚、内心端正，从而达到修身、齐家、治国、平天下的目的。至于格不格得出来"理"，那就看你的修为了。王阳明对着院子里的竹子格了整整七天也没格出个啥，差点把自己逼疯，多年后他创造出了"心学"，告诉大家都别格了，心外无物，我心就是理。

但什么才叫"止于至善"呢？表面意思是"达到至善的境界"，但这种境界具体是什么，儒学也没有完全交代清楚，或者说不同历史时期的答案也不一样。比如它放到汉代的话，那说法就是"天人感应"；放到宋代明代的话，那又是"存天理、灭人欲"；放到清初的话，那兴起的又是"经世致用"的实学；放到晚清时，那大概应该是唐鉴、倭仁、曾国藩等人又重新力行与主推的"主敬、克己"的理学。

表面上模糊不一的说法，具体到个人的理解又多有不同，比如明代一些儒生对王阳明"心学"的"致良知"理解，其末流分支已发展到偏离儒学、而几近于似是而非的狂禅了。到了近代社会，在运动、维新、革命、改革及西方现代浪潮的轮番冲击下，儒家"止于至善"的这种生命终极意义在现实生活中更加是面目全非。

这种"不同"与"面目全非"对于个人生命与生活来说，在平时倒也没有什么，但是一旦遇到重大变故，那就会突然间变成很急迫、很麻烦的问题了。这些重大变故包括战争、巨大自然灾难、异种文化冲突、功成名就之后、陷入人生困境之际、遭逢重大疾病、生命进入暮年等等，这个时候的人们，他就必须要自己在内心明确地、清晰地回答出生命的意义到底是什么，人生的终极价值究竟何在，从而使得他在面对一切变故时能够免于焦虑、惶恐、烦躁、空虚，使得生命能够超越对灾变、功名利禄或是生死的恐惧，从而处之泰然，心定情安。

这种答案，也将从根本上决定当事者的行为选择：是慌乱还是镇定？是颓废还是积极？是顺从还是抵抗？是放弃还是改变？是自我放纵、放逐还是安之若素？这就是学者们常说的终极关怀。

尤其对于现代社会的那些知识精英与商业精英来说，这个答案是没有办法回避的。他们越是在今世取得华丽成就，就越是无法逃避回答，不然他就无法承受他创造的一切物质成就或文化成就，今生忙忙碌碌奋斗到此，到底所为何来呢？人生归途到底又在何处呢？生命的意义在哪里？而在世俗社会找不到心灵出口的一些社会精英，甚至转而上山拜倒在某些大变戏法的假道士座下，或是抢进哪个商业味浓重的庙殿里烧上天价的头炷香以求神庇佑。

这些疑问与现象投射到我国的大众电影创作上，反映就是电影内容表现背后所指向的心灵世界。或者反过来说，一个导演有什么样的心灵世界，就有什么样的电影表现。

所以，电影叙事表达出来的一定是导演的人生精神，是支撑他们的"人生终极出口"。而通过电影这面镜子折射出来的导演内心深处的心灵之光，是明媚还是暗淡，是指向清澈还是浑浊，观众感受到的是精神饱满还是虚幻荒芜，这是每个导演都回避不了和隐藏不了的。

没有哪位导演的作品能越过他自己的内心。

在徐克以前的《新龙门客栈》《笑傲江湖》等电影里，闪耀着勃勃生机的现代精神，它们是如此华彩照人；而在他近年来《狄仁杰》系列等电影里，虽然大体上诉求也还是一种守护国泰民安生活的朴素观念，但背后呈现出来的内在心灵出口却多少有些像旧时一些消沉士人一般，逐渐徘徊于神怪志异的虚幻边缘……这多么令人唏嘘与惋惜。毕竟，徐克大部分电影输出的现代精神曾是如此耀眼动人。

好在徐克近年来的电影作品看起来只是身不由己地受了虚幻荒境的吸引，不像是完全陷入，也许这与他身上既交织与激荡着传统与现代两种思想、又冲突与融合着东方与西方两种文化有莫大关系。

就此而言，我对徐克电影还是抱有很多期待的，期待他给我们以新的心灵答案。

与徐克相比，陈凯歌的作品就大不一样了。不客气地说，陈凯歌几部电影代表作一直在沉迷在旧文化暗影里无法自拔。

在陈凯歌的作品里，从早年的人、神、兽不分的《无极》，到后来的《妖猫传》，它们所呈现出的精神世界，似乎一直是在神怪灵异的叙事里转来转去，从中看不到什么现代心灵家园的黎明微光，更别说探索这种光源在哪了。

对于《无极》，早年间风评已经揶揄得很重，这里就不说了。就说《妖猫传》吧，看起来它也应该是一部制作成本比较大的电影，其中反应唐玄宗时期盛世场景、人物、道服等镜头都十分绚丽、讲究、华彩炫目，想来人力物力的投入都应不小，看得出来陈凯歌应该是投入了大精力、花了真心思、下了苦功夫的。可唯其制作如此华丽，凸显电影背后的精神空虚才尤其如此糟糕——如果不说是病态的话。《妖猫传》整部电影从上到下都充满了一种特别诡异的气息，人不是人，鬼不是鬼，妖又不是妖；现实不是现实，来世不是来世，噩梦又不是噩梦；甚至主角不是主角，配角不是配角，既无一点现实理性逻辑可言，也无一点感性光明可看。实际上，如果再加上作为故事主要表达场景的妓院、荒院石棺、充满诡异气息的宫殿与街市，莫名其妙出现的几个杨贵妃仰慕者，神神道道的大唐诗人、日本僧人与幻术师，以及还有两个可能是贵妃男宠的白龙与丹龙，再加上变幻莫测的场景不断转换，整部《妖猫传》就是一部思想诡异、精神失常、心灵荒诞的臆想与呓语之作。就这部电影所呈现出的文化面貌而言，也许它倒还真是为我们提供了一个失常文化心灵的典范案例，专业研究者或许可以从中剖析一下这种精神臆语背后的原因究竟是什么。

如果说通过《妖猫传》这部电影，陈凯歌是试图从大唐盛世到安史之乱中剖析出什么历史或社会文化的痼疾、寻找或呈现某种社会问题的什么答案的话，那么这种答案又怎会藏在这些鬼怪神灵的臆想里呢？我国传统儒家社会虽有这样那样的问题，但它可贵的一面是关注现世（而非来世），崇尚的是入世教化（而非出世得救），即使面对不如意的困境，也要"知其不可为而为之"，至于彼世究竟如何，儒家的回答是"子不语怪力乱神"，不要问鬼神这种东西究竟有没有，敬而远之就是，远离它，你要做的是在现世去修身、进业、推行教化，在立德立功立言中寻求"止于至善"。即使是《论语》中谈及"神"，那也只是指"天"，一般地理解为"宇宙最高的道德秩序"，绝没有那些鬼怪神灵的诡异东西。

本文作者跟陈凯歌导演并无任何关系，完全无意去评论他个人，仅仅是因为他是当代名导演、他的作品具有某些时代心灵的代表性，本文才以之举例而已。实际上，陈凯歌的电影作品也不过是某种社会现象中影响力较大的个例而已。

迄至2022年末，近十数年来，各种内容诡异、逻辑混乱、精神空虚、心灵荒芜的鬼怪神灵文化产品——包括但不限于这种类型的大量网络文学、网络影视剧、网络游戏及其背后的玄谈怪叙层出不穷，以所谓什么国产玄幻大片之名大量充斥于各大网络空间与影视平台，在年轻人的视野里大行其道，形同心灵毒品一般麻醉着与败坏着无数中国年轻人的心灵，使他们日渐沉迷乃至堕落其中而不自知，这实在是新中国建立以来文化领域从未有过的虚妄与丑怪现象。

这在令人深为忧心的同时，更应深深刺痛着我们的思考神经：为什么这种荒诞虚无的末流文化会在近一二十年间沉渣泛起乃至大行其道呢？在两百多年来近现代文明冲击了与祛魅了两千多年文化旧传统之后，我们中国人的精神家园究竟要情归何处呢？我们的现代心灵出口到底在哪？

这些，其实都是当代中国文化精英必须要回答的问题，也是他们无从逃避的历史责任。肩负这种文化责任的知识精英，包括但不限于思想界学者、文人、作家、音乐家、美术家、影视导演（尤其是著名导演）、时尚艺术家，等等。

其中说到我国的当代著名导演，张艺谋的大名自然是绕不过去的。张艺谋电影美学文化的输出是很令人敬佩的。也因此，在徐克之外，张艺谋是另一位让我很是喜爱的导演。

张艺谋的电影在大场面美学与意境上气度恢宏，那真是动如草原疾风，静如湖山秋水，张弛有度，令人着迷。张艺谋这种美学意境的巅峰之作，就是他执导的北京奥运会开幕式，这个开幕式在演绎出东方古老大国雍容气度的同时，还极具时代科技实力与想象力，令整个世界都赞叹不已！甚至有传言说美国人正是看了这个开幕式才恍然醒悟过来，意识到中国经济、科技、组织、创造等方面实力已今非昔比，逼近了他们，才决心要对中国动手。

这个传言未免夸张，但无论如何，张艺谋所展现出来的电影美学创造力不但是在国内、即便是放在世界电影史上也堪称独树一帜。可以说，张艺谋这个名字将注定写入现代艺术史。

但与形式上的东方美学的成就创造不同，在时代精神的探索上，张艺谋的电影大片却并不像他的美学意境本身那样富有华彩，相反，他不少电影作品的精神却多止于故旧。例如前些年端出的《长城》与《影》，前者在形式上进行好莱坞化尝试本身无可厚非，但电影诉求的精神却浑浊不清；后者则还是《满城尽带黄金甲》那些宫廷诡计，不同的是，这一回又渗入了阴阳的东西……坦诚地说，当我看着《影》的男主角与配角们打着铁伞、扭着妖娆的女子身段向敌人发起进攻时，心中多少有一种说不出的时代困惑感。

这种困惑感，早在很久前看张艺谋的大片《英雄》时就曾模模糊糊地感受到过。给一个穷凶极欲的秦王暴政硬加上"天下和平"的名义，并以一众英雄儿女的爱情、友情与自由做炮灰，这种价值诉求实在是有违现代世界精神。古人《过秦论》尚且以"仁义不施"去阐述秦皇暴政，尚且批判暴秦大量的残酷杀戮、涸泽而渔般榨取民力，怎么我们都到了现代社会了还可以这样去演绎电影呢？若是按这个逻辑，是否袁世凯也可借口说他是为了天下和平、为了防止军阀混战而称帝呢？这并非是用现代人的思维去苛求于秦汉古人，而是我们今人有责任用现代批判意识去审视历史、去为当代中国心灵世界寻找养料。

总而言之，看着几位名导们晚近的这几部作品，我总感觉多少有些不是滋味，那就好像说我们社会的这些优秀文化精英还在迷恋旧文化中业已衰败的黄昏庙宇，却不肯去或者是没意识到要去寻找现代中国的心灵之光。

如果说早前由作家二月河的帝王系列小说改编的《康熙大帝》《雍正王朝》《乾隆王朝》等影视剧是对封建皇权崇拜的麻木与糊涂；如果说泛滥的后宫剧、离谱荒诞的抗日神剧、惺惺作态的伪娘综艺节目是俗世浑浑噩噩的腐朽、浅薄、轻浮与萎靡，那么《奇门遁甲》《妖猫传》等一些名导作品就是在高山上清清楚楚的自我放逐。

这也包括陈凯歌的《霸王别姬》、张艺谋的《大红灯笼高高挂》这两部声名在外的代表作，它们都像是迷恋在黄昏落日下的陈旧庙宇内外而难以割舍。这样的作品在剖开故旧社会那些乌黑腐臭的糟粕时，却看不清楚导演的心灵是耽于其中呢，还是在探寻出路？反正我是从这两部作品上没看出有什么现代精神的光，更没看到有什么现代心灵的出口。

凡此种种，都这让我不由得想起了李商隐那首惋惜贾谊的诗："宣室求贤访逐臣，贾生才调更无伦。可怜夜半虚前席，不问苍生问鬼神。"在时代各种大潮冲击之下，在创造了耀眼的成就之后，这几位华人社会的杰出文化精英代表，他们这些晚近作品里所呈现出的精神世界却或多或少地向那虚幻之境滑去，这至少部分显示了我们社会的文化心灵在时代大潮里遭遇到了终极人生意义的严峻拷问。

通常，当一个东方士人（包括今时的知识精英与商业精英）无法在现实世界里找到人生终极意义时，他们的目光就容易从现实世界转移开去了，心灵出口就不免向虚无的神灵鬼怪路子上飘去，或是试图返身从阴阳玄学等陈旧叙事里寻求归宿。

因为找不到心灵出口而自我放逐，这在我们历史里是有这个传统的。例如自东汉末起的几百年间，在天灾与战乱的长期冲击下，三国两晋南北朝社会陷入了长期大动荡，董仲舒"天人感应"儒学的自洽逻辑在残酷现实世界中失灵，从而导致这种儒学精神世界体系崩溃，无法为社会精英们的心灵提供归宿，于是这些社会精英就开始自暴自弃。其中"竹林七贤"的放浪形骸正是形成于那段历史时期，所谓的"魏晋玄学"崇尚老子的"无"和庄子的"自然"，实际上正是那个时期的士人心灵自我放逐的结果；而佛教之所以在那个时期大面积兴起与繁盛，实际上也是在汉儒精神世界破灭之际、佛教尚"空"与来世轮回的说法乘虚而入的结果。

而魏晋至唐宋数百年历史演变轨迹留下的教训就是：无论是魏晋玄学倾心的老庄人生态度——尚"无"、任"自然"的道家，还是尚"空"的佛家，都不适合成为中国社会文化心灵的主要答案。这正是当初"唐宋八大家"奋起倡导"古文运动"、复兴孔孟儒家文化的原因所在，而最终演变到南宋，"程朱理学"这样的新儒学终于被创造出来，重新成为其后社会心灵的归宿。

同样地，谈到当下时代的知识精英心灵归宿，无论是回望时分对旧家园的留恋（例如沉迷于演绎帝国皇权至高无上的历史剧与宫廷剧），还是在现实里无意识地自我放逐（例如滑向阴阳玄幻之境、沉湎于鬼怪灵异的臆想），那都不可能是面向现代中国心灵未来的探索，因而这两种类型的故旧心灵世界也就并无多少现代价值，并不怎么值得以任何一种貌似深刻的形式去演绎表达——无论这种表达形式是如何富丽堂皇、如何夸张渲染。

宋人张载曾有"为天地立心，为生民立命"等语，眼里长久凝视的是天地与生民，心中所思的是立心立命，这样的恢宏志气，这样的路径逻辑，利钝成败且不论，其实才是轴心文明以来所有中华知识精英探索人生价值时最具意义的参照。一代人有一代人的历史使命，身为当代中国知识精英，那些有大抱负的学者、有大视野的作家、有大追求的导演、有良知的游戏开发公司负责人等群体，都理当清醒地怀有这种大历史下的时代意识与使命感，从而在你们从事各自的人生事业时，能够因为心头有所仰望而有所为、因为有所敬畏而有所不为。

就此而言，相比于那些鬼怪灵异或是玄幻虚境的陈旧庙宇，我反倒是非常喜爱张艺谋的《秋菊打官司》《千里走单骑》《山楂树之恋》等清新小片，这几碟清新小菜反而很见现代精神与光芒，新时代的气息也隐约其间。即使是他近年来出品的《悬崖之上》《狙击手》等电影也还不错，至少是表达了一个民族在近现代进程中艰苦卓绝的忍耐力，也表达了深沉的爱与对每个生命的珍惜。

可喜的是，新一代的年轻导演颇有披荆斩棘的创造意识，他们中的一部分已逐渐呈现出一股探索现代心灵的勃勃精神与峥嵘头角。在我所观电影范围内，除了接下来要详细说明的《流浪地球》之外，像《长安十二时辰》里追求独立个体人生价值社会实现的精神、将守护寻常百姓烟火生活的意义视作远高于维护皇权威武的理念；《十二公民》里演绎了现代法理精神与市井人情世故及现实利益相冲突、但最终还是现代法理精神胜出的价值追求；《奇迹·笨小孩》里珍视每一个平凡者的人生价值、展现赤手空拳的创业者如何在九死一生中求生存、礼赞他们生而平凡却永不放弃的奋斗精神；《剑雨》里反抗独裁专制、颂扬个人生命自由、珍视淳朴爱情大于物欲的现代观念;《绣春刀》里厌弃宫廷权谋算计与权位争夺、追求个体生命价值的新武侠精神;《目中无人》里退伍军人奋起反抗权势阶层与黑恶势力结盟、追求人间公平正义的精神……当然,类似这类型创作观念的影视,还有早前李连杰版的《精武英雄》里维护民族独立尊严的抗争精神、展现传统功夫与现代技击及体力训练法相融合的理念,《亮剑》里面对强敌永不妥协的血性与张扬自由个性的鲜活面貌,《士兵突击》里平凡人坚持到底、永不放弃的人生信念,《让子弹飞一会》里朴素的个人英雄主义革命精神,《我不是药神》里对弱势群体的同理心与积极作为,等等,这些影视佳作中萌发出的与呈现出的意识都配得上时代的敬意。

以上这些电影里的一个个单项精神,虽然还不是具有完备逻辑体系的、能够承载现代中国人心灵归宿的哲学思想,仍然还不足以成为我们现代中国人的"人生终极出口",但至少它们可以成为现代中国精神内容构成的一部分。这些都是我当初写作本文时尚未意识到与提及的,或是当时它们尚未出现、或我当时未曾看过的,因此在这次修订稿中时补充一下。

这是我要说的第二件事。

四

我要说的第三件事,是"国学热"。

旁观近一二十年来的与国学相关的热潮,它们中真正有价值的,其实是延续了从晚清以来就开始争论的"中学–西学"关系:从最早洋务运动时的"中学为体、西学为用",到后来"五四运动"

反礼教的"德先生、赛先生",再到上世纪八十年代初的再启蒙浪潮,这都反映了知识精英们对落后现实的急迫心情、进取精神。

如今通过四十多年来的改革开放,整个国家逐渐繁荣起来,物质算是上来了,所以又开始在文化上强调中学价值,大家一看,嚯,原来儒家法家的文化传统土壤上也能造就国家现代化啊,我们文化还是可以很牛的啊;同时另一方面,西方现代社会发展到今天,不受约束的资本与市场、绝对化了的个人权利与自由、偏执于政治正确的无原则多元化等等做法也引发了一些社会问题,这就不能不引起作为旁观者的中国人的反思,并因此重新思考东方文化传统在现代世界的价值。

这种纯学术上的国学热,中西哲学的比较与探索都是很好的。知识精英们对现代社会的思考与努力也令人钦佩。这都没有问题。

但是还有另外一种流行的"国学热",那就是社会上开始出现的各种面目的所谓复兴国学、排斥西学的现象,甚至出现一种什么"华夷之辨"的陈旧论调,说什么中华文化最伟大、西方文化很腐朽等等,坦白地说,这种声音非常有助于调动起民众躁动情绪,也最能鼓动起某种"同仇敌忾"的热血,诱导起不问青红皂白的群体保守与排外冲动。

这种论调、人、事、自媒体,不论是出于质朴的自豪感,或还是为了纯粹的商业利益考量,那都是十分无知与可忧的。

以"爱国"为号召,鼓动民意群情激昂地盲目排外,我们曾经吃过这种亏还嫌少吗?似乎只要往"爱国"立场一站,敲锣打鼓地夸张国粹,大声否定西方文化,那你就是十足的正义化身了。可在这种非理性的群体盲动背后,我想他们大概已经忘了旧中国是曾经怎么落伍的了吧？这些人大概已经难以理解"五四运动"时那些民族知识精英当年的心境了，大概也忘了唱着"中华民族到了最危险的时候"、差一点亡国灭种的事情是如何发生的了。

自然，中华文化的伟大毋庸置疑。我们文化传统当然有着自身的独特能量，也一定可以从中找到、并涅槃出现代中国所需的精神能量来，可以为建设我们现代心灵家园提供深厚养料。所以，复兴国学，谁又能说不赞成呢？问题是，怎么样去复兴？复兴国学中的什么？这才是需要分辨与深思的。

如果以为一股脑地随便端出什么"国粹"就可以成为治疗现代社会病的秘方，成了我们压倒西方的祖传法宝，那么这种想法就相当危险了。

有些人甚至还搞出了什么新女德、弟子规、跪拜礼那些陈腐的封建鸦片……这种稀里糊涂的"国学"居然也能在一段时期内悄然风行，简直是荒谬。这种坏人心的事儿，本质上与美化皇权的帝王剧、戕害人性的后宫内斗剧、男宠女宝的综艺节目、资本垄断、权力腐败等等一样隐患重重，都是属于"随风潜入夜，放毒细无声"。

这说明我们都解放这么多年了，一些人还想要来贩卖三纲五常的封建糟粕，精神层面还要像张勋的辫子军一样搞复辟，心灵世界还在迷恋着皇权高高在上、父权说一不二、夫权专制跋扈的专制文化。类似这些奴化心灵的内容也不加辨别地拿去教小孩，你自己分析过里面的精神之毒了吗？新女德也出现了，你怎么不搞个新老爷德呢？

说点大概算是危言耸听的话，如果不能从现代意义上去重新思考那些集深厚与沉重为一体的传统思想，如果不重新全盘梳理清楚那些精华与糟粕合一的所谓"国粹"，贸然复古一些奇奇怪怪的旧文化，那么迟早有一天，我们社会会再一次出现新的"五四运动"或文化革新运动——毕竟，就算以我们曾引以为傲的儒家思想而言，其灿烂光芒之下也潜伏着无边暗影。

事实上，如果能够比较客观理性地回顾近代以来的中国历史进程的话，我们就会意识到今日社会这才到了哪里呢？学习德俄马列的组织制度建国不过才七八十年、学习英美市场经济制度的改革开放不过才四五十年，国家刚刚强大一些，日子刚刚好起来一些，就觉得可以停止学习他人先进、翻箱倒柜地批发那些未经现代视野分辨的祖传神药、以为老子本来就是天下第一了吗？

可以说，搞这类陈腐"国学"的人，如果不是一些浅薄的冲动者、狭隘的短视者，就是一群急功近利的文化贩子，或者是有意无意的自媒体流量骗子。

须知与从前的文化虚无相比，如此这般的文化膨胀一样危险。而不论是文化虚无，还是文化膨胀，归根到底都是文化不自信的心态在作祟：不是全部否定自己的文化，就是全部夸张自己的文化。

这都是属于心急火燎的不正常状态。

这是我要说的第三件事。

五

这三件事跟《流浪地球》有什么关系呢？

关系很大。

特别是在今天这样的一个社会背景下。这个背景就是上文说的现象背后,时代走到了十字路口:传统中央帝国社会历史早已终结,与之共生的儒家文化传统也已在近现代变革浪潮过程中面目全非,我们客观上已回不到过去;而在四五十年来急剧市场化的物质追赶浪潮之下,一个现代中国的心灵家园短期内又尚未孕育成熟,这个时候,我们现代中国人的心灵将要情归何处呢?

第一,我们不可能仅仅用追求物质上的成功作为"终极人生出口"。就算是在财富大潮中搏击的商业精英们,也不可能用一次次不断放大的物欲扩张及其实现来安放他们最终的心灵。

第二,心灵家园的完全西化也肯定没出路。取一个中立立场的角度冷静想一想,不论是哪种形式的完全西化,对中国来说都是行不通的。这倒与对错、好坏、爱不爱国无关。真正的原因是,千百年来,我们的文化传统就一直都是专注于"此岸"现实世界的世俗文化,就算有一部分人喜欢求神拜佛,也大多是为了某些现实利益而去祈祷哪路神仙保佑,骨子里其实并不是有多真的相信天上有超越人世的神灵,我们中国人还是偏向于"无神论",所以像西方那种建立在"彼岸"天堂基础上的基督教文化就不太可能真正成为大部分中国人——尤其是社会精英内心深处的"人生终极出口"。

我们中国人必须发展出自己的现代文化心灵——那将是一种既脱胎于自己文化母体的、又富有现代精神的东方新文化。

说到这里,或许有人会说,日本、韩国、新加坡、中国港台地区、越南等社会就没有这样的心灵归宿挑战吗?他们同为儒家文明圈,不也是一样从农耕社会转型到现代社会的嘛。这个话题可以简要分析一下。

对于复杂的日本,这里需要额外补充一些题外话略加讨论它。

日本并不是一个正常的国家，用李光耀的话说，就是"它很特别，有必要记住这一点"。的确，日本是一个独特的岛国，地震、台风等天灾一直频繁在日本发生，饱受自然灾害蹂躏的同时又无广阔大陆腹地可以退避，于是长期造化之下，日本民族由恐惧生发出所谓"物哀"文化，在生灭无常中自然真情流露，追求欣赏刹那间的美好，以求得当时心灵"永恒的静寂"。譬如，静静地看着樱花在绽放出美好花姿时分却在微风中纷纷扬扬地凋零，于是生发出一种美学与残忍并行的情绪，使人难免感觉生命的张扬与自卑同在。

但从社会根基上说，日本也首先是受中华儒家文化影响；日本社会另外两大精神基石分别是对山水神灵信仰的本土"神道教"、从中国流传过去的佛教——特别是南宋时因避战乱而传过去的禅宗影响尤其深远。这三者在与西方文化的结合中，已经发展出了日本自己的现代文化内容。

另一方面，因天灾频繁而产生的巨大危机感，也造成了日本人强者崇拜、学习外部先进事物精神强烈等民族性格。学习近现代西方文化而又融入自己内容，造就了日本现代社会风貌，这就是我们今天感受到的日本文化：既像东方的又不像东方的，既像西方的又不像西方的，同时，它又既是东方的又是西方的。

在似与不似之间，它就形成了一个日本自己独有的东西。这可以从黑泽明的电影、村上春树的小说、隈研吾的建筑设计、原研哉的平面设计、山本耀司以及川久保玲、三宅一生的时装浪潮设计等作品中体会到，也可以从日本工业设计中发现它们那种独特性，可以感觉到日本自身的现代心灵归宿隐约其间。

这是日本文化现代化过程中值得肯定及可以有启发的部分。

但日本现代文化心灵也发展出了严重的缺陷。

在长期历史演变中，日本形成了强者崇拜的社会心理，它在植入军国主义内容的武士道文化后，造成了世所共知的滔天罪恶，而这些内容在现代转型过程中却并没有很彻底清除干净，它并没完全改造好。传统日本也只有耻感文化而无德性文化，这使得日本人在追求自身利益时没有什么道德包袱，例如广受谴责的远海捕鲸、倾倒核废水入海等等行为。

从受制于传统文化阴影来说，日本社会继承了传统社会的"礼"文化，然而却现代化得并不好，这导致日本社会论资排辈现象十分普遍，政府与企业职员往往都终生在一家单位循规蹈矩慢慢熬"年功"，这样做的好处是易于在某项技术上长期慢慢积累、改进、升级，弊病是不太敢有革命性的创见与突破，以至于日本企业对于新事物的反应迟钝，容易错过科技革命新浪潮，大胆独立创业的年轻人也远远低于中国。

日本社会表面讲究待人接物之际的礼节，看起来也好像十分客套与谦卑，但人与人之间的情感实际上却很疏离，形成了某种说不清道不明的沉重的与僵化的人事关系，这也是为什么一些在华工作生活时间较长的日本人反倒会很赞叹与羡慕中国人交往时的干脆直接。"礼"序的阴影所及，日本社会男尊女卑思想也仍然根深蒂固，传统父权与夫权旧俗遗风的影响仍然没有褪除干净，这就导致日本女性的社会发展机会是大大低于男性的，职场歧视也是无处不在，日本女性仍然处于相对从属的社会角色，并不完全普遍拥有平等地位。

此外，当今日本仍然是美国军事控制下的半独立社会，美国常常以强大驻军为后盾逼迫日本社会做出极不情愿、却又不得不做的国家行为，例如劫掠日本经济的"广场协议"等等，凡此种种都积压成了日本人心灵深处的压抑感、委曲求全感、卑躬屈膝感，且长期隐而不能发、不敢发。这种心灵自由精神无法释放的客观现实，长期淤积，也终于在事实上阉割了、囚禁了、扭曲了日本人的精神，所以日本社会出现雄性精神日渐颓废趋势、"丧"文化与"宅男"文化普遍流行、自杀率高居不下等现象也就都不能算是意外了，所谓"昭和男儿，平成废柴"，这个说法也不是没来由的。

上述种种，都是旁观日本现代心灵时可以清晰看到的出口与堵塞。

儒家文化圈的其他国家与地区，理顺了现代人的心灵归宿问题了吗？似乎也并没有。

诸如韩国、中国港台地区，其实他们都面临着与中国大陆一样的心灵挑战，只不过外界往往被眼前更瞩目的宏大问题掩盖了而已，例如朝韩统一问题、两岸统一问题等等。

在社会实际生活中，除了节日里祭拜祖先与祈福于一些地方民间神灵之外，他们平常的"心灵出口"是什么呢？有的投身于似是而非的基督教，这在韩国最为明显；有的寄托于虚无缥缈的求神念佛、风水、占卜算命、阴阳五行等等，这在港台地区较多。

但无论是抛弃自身文化传统，而彻底投身于外来它者文化心灵；还是顽固坚守自身传统旧俗，而无视身外的时代精神革新与进步，这两种情形在现代社会里都是不可能找到真正心灵归宿的。

有两个例子可以说明这一点。

第一个是土耳其。土耳其在从传统社会转型现代社会过程中，试图抛弃自身的伊斯兰文化传统，一门心思要投身到西方文化中去，结果不但不被西方的基督教文化接受，反而被排除出西方阵营，最终造成了土耳其人身份认同的困惑与迷茫。

伊斯兰文化不再认可它，基督教文化又不接受它，于是土耳其人的心灵内部就撕裂了，至今伤痛未愈，深深地困扰着土耳其社会上下。

第二个是阿拉伯世界。与土耳其相反，在传统社会向现代社会转型的大潮中，阿拉伯各国一直顽强地坚守伊斯兰文化传统，结果又走到另外一个极端：由于伊斯兰文化本身的内在结构问题，他们无法走出"政教合一"的困扰，因此也就无法真正走向世俗化的现代社会，这就导致阿拉伯各国一直没有现代转型成功，至今仍然是一个保守的传统社会，被阻隔在现代社会之外。

阿拉伯世界也因此潜藏着巨大危机：一旦有意外的现代事件发生，例如当未来有一天清洁新能源（如太阳能、可控核聚变等）可以完全取代石油的话，一旦全世界不再需要阿拉伯地区的石油，到那时，没有融入现代工业世界的阿拉伯各国就注定是全球动乱之都——在现代世界的生存危机。

观照前者，日本社会的例子说明了什么呢？说明了即使是文化心灵领域的现代化，世上也无捷径可走，而且注定是步履维艰、步步惊心。

观照后者，土耳其、阿拉伯的例子说明了什么呢？说明了非西方社会在现代化大浪潮中，文化心灵完全西化没出路，完全固守本土旧传统也没出路。

真正的出路一定是立足自己文化传统基础上的现代转型——即

在现代价值的大框架下，重新梳理自己文化传统内容，从中烈火锤炼出现代新精神，从而建设出自己文化大地上的现代新心灵家园。

这也是每一个非西方国家的必经之途：在物质现代化的同时，实现自身文化传统的现代化。

这正如一个国家在走向现代社会的过程中，经济领域必须经过市场化、融入世界贸易体系、发展本国工业制造业的过程一样——就算曾经在表面上取巧跨过了某个发展阶段，最后还是不得不回过头去重新把落下的功课补上。

必须完成的作业，躲是躲不掉的。

正是有了这种大背景存在，所以，如果我们知识精英群体中的那些杰出者不清醒地感知到自身的历史使命、不怀有上下求索意识、放任自己精神世界沉湎于虚幻的臆想之境或是祖宗的黄昏庙宇之下，那么这种或许是出自于无意识的自我放逐就十分值得重新审视乃至警醒了。

而比这种高山的自我放逐更加等而下之的情形，是上文提到的一般文化群体中的不少人呈现出浑浑噩噩的精神空虚、鄙陋、放纵与自我麻醉等社会现象。

它表现在潮流文化上，就是大行其道各种鬼怪邪灵的所谓玄幻文化（包括文学、影视、网络游戏、手作玩具等）、宫廷剧背后的权力崇拜、青春偶像剧流行对雄性精神有意无意地阉割（纤弱化、柔美化、伪娘化、男宠化、奶狗化、中性化的潮流男性角色定位）、综艺节目背后的人生玩偶化与胭脂化、抗日神剧背后的历史苦难轻佻化、崇尚奢侈炫富消费背后的生命价值物欲化、视频主播摇首弄姿背后的平台内容低俗化，以及大批文化商人无底线的贩卖造假、迎合人性弱点的浮夸与浅薄化……如果任由这些情形继续这样发展下去，到最后会怎么样呢？

那就是一切祖辈父辈们付出的严肃努力，最后都不免归于神神道道的虚无、萎靡、颓废、荒诞与人生游戏化——正如你所见到的那些社会乱象及其背后潜伏的种种问题。

可是你知道站在我们对面的是什么吗？

六

站在我们对面的，是美国隐含在物质与财富背后的骨子里的清教徒精神，是基督教文化本身所具有的探索扩张性、进攻性、征服性，是清教徒在"上帝离开后的世界"重建人间天国——"山巅之城"的目标与行动。

早年间的西方清教主义自视为一场"归正运动"。什么是归正运动（reformation）？其中动词 reform 意为改正、改革、革新、改过自新，清教的信念就是改造这个世界上已经存在的事物，所以清教徒总是采取积极进攻性的姿态与行动，无限制地向外扩张与征服。清教徒信奉的是"没有奔跑、征战、流汗、角力，就得不到天堂"，这就是我们看到的清教徒永不止步"改变世界"的冲动：军事征服、经济殖民、文化扩张——从欧洲到北美，从西方到东方，从北约到印太，从海洋到太空，从已知世界到未知世界。

在 Facebook、苹果、微软、可乐、好莱坞、NBA、超级碗橄榄球决赛、航母舰队、美军全球军事基地、火星登陆、对华贸易战与科技战等等现象背后，正是清教徒扩张、征服、改造、重建"人间天国"宗教信念的具体展现与延伸。

例如，类似google"不作恶"的公司文化从何而来呢？谷歌未必真能做到它口号里所标榜的那样，但这句企业价值观所指向的"恶"对应的正是指"魔鬼撒旦"。清教徒相信"撒旦"一直充斥在人间，而它将导致"所有人都是有罪的兄弟"，是上帝的头号敌人，清教徒作为"上帝的选民"必须防止与击败这些"撒旦"化身的邪恶，拯救他们自己、兄弟与整个世界。正因为如此，清教徒永远需要在人间作战——google"不作恶"的口号，正是典型的清教徒文化语言。

这些怀有清教徒精神的公司永不疲倦地创造财富、不断向外扩张的动力又是什么呢？除了资本扩张本性与人性欲望之外，它背后的精神驱动是清教徒相信他们是"蒙召"的"上帝选民"，而他们在世俗社会不懈奋斗与积累财富是为了"荣耀上帝"。

清教主义的精髓并不是我们看见的那样只是礼拜、祈祷、唱唱赞美诗而已，而是在于极其重视在世俗社会的亲自动手实践、组织人力物力与积极付诸行动。因此可以看到，在这部分美国跨国公司大肆创造财富之外，它们其实是有强烈的精神动力在支撑着的。

相反，有一些西方学者就分析说，美国社会这些年来出现衰落趋势，也正是在于它在物质之外的"精神内容"出了问题：清教徒精神式微，迷失了当初清教立国的信念——这种式微与迷失，呈现到具体的美国社会生活方面，就是清教徒集体协作精神的衰落，而过度追求自私自利；是清教徒组织能力的消散，而过度强调绝对化的自由散漫；是清教徒简朴的勤俭节约精神的隐退，而无止境地追求物欲享受；是清教徒崇尚亲力亲为的机械制造精神的蜕化，而热衷于玩避实向虚的华尔街金融资本扩张，诸如此类，不一而足。

美国社会是否真的衰落、清教精神是否真的式微，时间会给出最终答案。但是，一个人所熟知的事实是：美国社会本身却一贯喜欢持唱衰论调以刺激自我警醒、热衷树立国家大敌（即异化的"撒旦"）以凝聚全体扩张意志。我们也必须清醒地意识到，从最初的"五月花号"帆船远渡北美大陆时立下契约、以十三个殖民地立国开始，美国它就始终是一个"自下而上"的多中心分布式社会，民众向来崇尚自治化，对政府的依赖程度并不高，所以即使其国家中枢出了什么大问题、其社会乱象如何层出不穷，也并不一定意味着美国社会就会陷入万劫不复，它仍然可能在长线演化中实现自我修复，仍然可能在分裂与堕落的乱象中实现自我重建。

美国的立国基因就决定了，驱动这种社会向前的核心密码，并不仅仅只是它形而下的国家中枢及其社会制度设计，更根本性的驱动力实际上是它形而上的清教徒精神（尤其是扩张精神）与资本、科技的结合。

如果我们眼光放得足够长远，从长线时间去更广泛地审视，那么正如余英时先生总结的那样，从亚里士多德的"最后之因"、中古基督教的"神旨"，到黑格尔的"精神"或"理性"，西方文化的本质正在于它是"外在超越"，西方人建构了一个完整的形而上的世界（即"上帝"或换了存在样貌后的各种形式的"上帝"）以安顿生命价值，然后再用这个形而上的世界来反照和推动现实的人间世界。西方人也由此始终感到自身被一股外在的超级力量所支配、所驱使，人类在这种超级力量面前既渺小又感到无可奈何……这样的概括，正好对应了清教徒为什么总是认为他们需要通过现世的不断努力去荣耀上帝的扩张行为——因为支配他们生命归途的并不是他们自己，而是类似"上帝"这种外在的"巨大的超个人的力量"。这种文化心理又反过来成为他们在现世的精神动力，驱动他们在世俗社会不断探索、扩张、创造、突破，而他们也以为靠着在世俗社会的显赫成就可以去体现"上帝"的伟大，他们也就可以因此"蒙恩"获救。

因此，无论是从宗教角度，还是从社会文化心灵的角度来说，中美竞争，或者更大范畴来说是东方与西方的社会文化内功比拼，它并不是十年、二十年的短期大国兴衰角逐，而是一百年三百年以上的长线相持。

这种历史性的长线相持，它较量的绝不仅仅只是科技、经济、贸易、政治、军事、舆论、国际关系等等硬实力。如果一个社会智慧足够并且富有上进心，那么这些形而下的东西，实际上最终还是可以通过类似战国时赵国"胡服骑射"那样的行动逻辑去彼此取长补短、相互学习、革新与进化的。

在长线相持中，真正根本性的比拼，归根到底还是要看谁能真正建设好自身的心灵家园，看谁能锤炼出持续进取的、持续进化的、持续向外探索的、磅礴有力的现代文化精神，从而凭借这种精神能量从源头上去持续激发与驱动自身全体社会不断向前、向远、向已知的与未知的世界奋进。

最终，谁先在心灵信念上垮掉，谁先在精神上虚弱、涣散、退化、空洞化，谁就会先在长线竞争中倒下。

七

也唯有以长线视角远虑，才能看清近忧是什么。

大唐贞观年间，魏征曾在《谏太宗十思疏》中写道："求木之长者，必固其根本；欲流之远者，必浚泉源"，那什么是一个社会的根本与泉源呢？魏征的答案是"德厚"。今天，若将魏征的这个设问放到当下世界，那么我想关于什么是"根本"与"泉源"的答案就不仅仅只是德义厚薄的问题了。

如果说清教徒精神是美国社会的"根本"，是驱动它发展扩张的"泉源"，如果说这种"泉源"的式微与衰退又是现今美国呈现颓势的内因，那么美国社会折射出来它的这种时代镜像，它是不是也可以成为我们观鉴中国自身现象时的一个反面参照物呢？

当美国输出的是《星际迷航》《银河护卫队》《美国队长》《冷山》《荒野猎人》《后天》《2012》《终结者：审判日/创世纪/2018/黑暗命运》《独立日》等等这样充满鲜明的清教徒扩张、对抗与征服精神的影片时，对比之下，如果我们输出的还尽有些遍地胭脂气的什么《小时代》《甄嬛传》《步步惊心》《延禧攻略》《妖猫传》以及早前的《还珠格格》《乾隆皇帝》等等黄昏庙宇里的东西，甚至是《陈情令》《山河令》等隐含着从日本输入的病态的所谓什么耽美文化，以及那些各种神志不清的鬼怪灵异的网络电影与玄幻文学……如果我们社会流行的精神内容产品滑落到如此虚妄之境，或是又去到那些似是而非的所谓"国粹"圈子里打转，如果那些皇权崇拜的旧文化又沉渣泛起，如果吸引很多普通年轻人的还是些浑浑噩噩制造出来的"吾皇万岁"与"奴才该死"的帝王剧及宫斗剧以及轻佻浅薄的娱乐综艺、迎合低俗与恶俗的平台视频直播、声色犬马与暴力合谋的网络游戏鸦片，如果充斥在我们社会时尚潮流前头还是一大群雌雄莫辨的、涂脂抹粉的男宝女宠，如果我们大量自媒体为了流量不断迎合民粹、怂恿妄自尊大、制造大量荒诞的浮夸……如果任由这些朽败不堪的东西不断侵蚀中国年轻人的浩然禀赋、雄心与意志，那岂不是在进行文化心灵上的自残与自宫吗？

我们不得不需要思考的是，在现实世界的长线竞逐中，面对清教徒文化的扩张性与进攻性，面对海洋文明骨子里的探索与冒险精神，我们到底准备要以什么样的现代心灵文化内容及其产品去应对呢？

或许有些人对此会不以为然，认为物质实力决定一切，我们崛起了，富强了，这个世界上还有什么能阻挡我们前进步伐的东西吗？对不起，客观的物质实力固然能够增强我们面对这个世界的自信与底气，但如果我们的知识精英继续在高山上任性地自我放逐，如果我们探索不出现代心灵回家的路，如果我们亲手创造出的这一切物质世界缺乏现代心灵力量支撑，如果我们一代代普通青年人精神上没有澎湃的现代心灵文化滋养，如果我们没有强有力的内在能量去持续驱动我们追求那更高更远的生命境界，那么就算我们社会某个时期内的物质再富强，未来也必然会因为整个群体内在驱动力的日渐耗散而失去立足的根本，并最终将很难阻止衰败的发生，更不要说应对那充满扩张性与进攻性的清教徒文化长线挑战了。

我们总不可能有一天又回过头去搬出汉儒"天人感应"、宋儒"存天理、灭人欲"的精神去支撑我们现代文化心灵世界吧？连晚清李鸿章都知道，传统那套功夫如果不进行痛苦变革，是顶不住新时代汹涌巨浪的。

由于四周地理环境的天然障碍阻隔出一个"宇宙天下"，千百年来，中国辽阔大陆的农耕文明一直怀有一种内视倾向，她发育出来的儒家文化也属于"内在超越"类型——当然，毋庸置疑地，传统儒家文化的入世之心、修齐治平之志、教化之德、推己及人之念、消化与融合之功都显然地非常优秀；儒家注重教育的观念长期熏陶所致，也使得中华民族特别聪慧早熟，但与此同时，儒家文化也向来具有鲜明的温、良、恭、俭、让气质，它在一次次积极入世实践礼教尊卑等级秩序下的王道乐土同时，也一直保留着明显的防守性与内向性，它在向外探索、扩张与进攻性（现代体育中所谓的"侵略性"）等方面都明显动力不强，且至今仍然还没有在世界视野下的大融合中发展出自己完备的现代心灵归宿。

虽然，这种儒家文化内容在传统社会也隐藏着极大的风险，比如说在我国历史上，中原社会就多次被北方游牧民族的野性与野蛮所冲垮，中原王朝也曾多次国破家亡，但相对来说，儒家文化还是很适配于辽阔农耕大陆上的传统中央帝国的，也能够一次次以其博大、包容与韧劲十足的核心内容及其融合之功消弭掉北方游牧民族的野性、并重新主导中原农耕文明走向。

但是，当它面对现代世界的工业文明冲击、面对晚清士大夫们所谓的"三千年未有之巨变"时，儒家文化如果不吸收现代精神进行革新，那么要抵御与消弭这种冲击就会力不从心了——最终，它要不就被动接受西方文化改造，接受其笼罩，成为没有多少话语权的第二流国际社会成员，例如韩国；要不就是吸收外来的现代组织方式（比如借助苏俄革命的方式）去建立一个全新社会，例如中国、越南。

但外力始终是外力。

一个非西方的现代社会，归根到底仍然还是要在自身文化传统的革新与涅槃中找到自身的时代心灵归宿，以回答它的现代文明心灵出口问题。

这具体到我们中国社会，它必然就是儒家文化传统在现代世界的烈火锤炼、革变、新生。这种现代新生也必然将是"我已非我"，不会再是那种传统儒家的旧内涵；同时也必然将是"我非它我"，不会是儒家文化传统之外的其他什么文化。

随着这个世界的日趋复杂、物质社会发展的日趋加快、新科技进步的日趋高精尖、外部竞争环境日趋走向激烈，这个时代任务只会越来越急迫，且不以人的意志为转移。

正是在这种心境下，当我看到我们的文化精英也能创作出《流浪地球》这样的优秀作品、看到中国人带上地球家园去探索宇宙与改变人类命运时，我就立刻感觉到了它展示了另一种可能性：儒家文化完全可以通过革新传统，在保留那种骨子里的东方家园精神同时，融合并孕育出某种外向的浩渺想象力、探索力、征服力与改造力，从而为我们中国人在寻找现代心灵出口时给予某种启发。

这样的作品，完全扫荡了当代众多文化作品里的那些内向的、陈腐的、暗旧的、颓废的、轻佻的、虚无的各类糟粕，从而给予我们耳目一新的、广阔的、充满力量的现代文化新视角。

它怎么能不令人振奋呢？

从这个角度说，《流浪地球》这部作品就是一个划时代的作品，整个中国电影史势必从此分为《流浪地球》前、《流浪地球》后两个时代。

我想时间会证明这一点。

至于有些人说《流浪地球》影片中的诸多科学硬伤、剧情 bug，我是完全无所谓：有缺点的英雄，那还是英雄；脸有雀斑的美人，那还是美人，那又有什么关系呢？

如果没有缺点，连完美都索然无味了。

而最重要的是，在杂树蔽天的森林里，我看见了光。

愿你终于在山上看到的，还是当初在山下向往的

一

人言"少不看水浒，老不读三国"。可我少时偏爱看《水浒》，留下许多令人欢快的记忆。

比如阮小二嘴里衔着一枚匕首，哧溜一下从舟头跳入水里，像英勇的鱼鹰；如林冲在风雪山神庙，摘下了枪杆上的酒葫芦，挑了陆谦一众恶人；比如鲁提辖拳打镇关西，武松从飞云浦打到鸳鸯楼，小李广花荣那一枝出神入化的箭……那些英雄故事才叫痛快淋漓，那些样纯粹的阅读时光才叫人大呼过瘾。

少年不识愁滋味，为赋新词强说愁。多年后再看《水浒》，往往只看得了前半截故事，看不得后半截。因为不忍读那样的结局，那样识尽愁滋味后的欲说还休。

那些好汉们为了活得自由自在，打翻了一切横在头顶上的囚笼，风是爽快的，雨是淋漓的，酒是大碗的，肉是大口的……然后呢？

然后他们自己又打造出了一个大囚笼，一个个钻了进去。他们

就如同从马戏团里逃出来的驯兽,虽然逃到了山林,但因为被长期驯化后失去了自由觅食的能力,最后又无可奈何地投入了一个新马戏团里的囚笼。

为了反抗压迫而被逼上梁山,为了那一世活得自在而放手一搏,可是上了梁山后的好汉们有办法维护来之不易的自由吗?没有。梁山首先就是排座次,谁是话事人,谁是小弟,谁是社团马仔,一一分清楚。

然后大家扎堆在一起干什么呢?梁山竖起的大旗是"替天行道",先不说什么是"天"、什么是"道",就说这个"行"字吧,怎么一个行法呢?

出路无非两个:

一是大哥宋江的"重返囚笼"方案:招安。

宋江宋江,宋室江山之喻,作为曾经郁郁不得志的县级文秘小吏,宋江梦想的上限就是招安后加官晋爵、封妻荫子,可是施耐庵老先生笔下的大宋官场又是什么一番情形呢?不是卑躬屈膝地发挥奴性光芒外,就是忍气吞声地恪守奴才本色,不要说自由了,连个活得像个人样都不可能,官场里的林冲、杨志、陆谦就是活生生的榜样。

想做一个安分守己的普通人?那也办不到,环顾《水浒传》里的一场场官司,没有一个是按正常法律走的,不是人情关系,就是金银打点,并无半分公正可言,大宋官场本质上就是另一种江湖。

梁山的另一个出路是什么呢?是另一个大哥晁盖"打造自己新囚笼"方案:造反到底。

晁盖是保正,说起来也算是个最基层的村干部,但本质上还是乡村的江湖大哥。晁盖大哥的梦想是江湖兄弟结伙喝酒吃肉，按座次分金银。这个时候，江湖最终又会变回官场，"晁家帮"火并掉"王伦帮"，然后再被"宋家帮"取代，这只是朝廷朋党之争的翻版，帮下诸多小团体像朝廷结党营私一般相互倾轧，明争暗斗。

晁盖晁盖，糜烂朝政的盖子，可终究又能盖得住些什么呢？

这很令人惆怅。

本来众家兄弟就是为着反抗人间不平、追求活得自由而上梁山的，然而梁山上的一百单八个好汉却还要标出个地位高低，排出个等级分明的人身秩序，而且还煞有介事地将这种等级秩序归为七十二天罡、三十六地煞的"天意"，这岂不就是皇权天授、朝廷命官的江湖翻版嘛？

既然如此，为什么要一窝蜂地拥挤在梁山上呢？阮小七兄弟们在家打渔不比这种日子自在快活吗？

庙堂与江湖如此模糊不清，互为彼此，到最后，无论是想重返囚笼的宋江，还是打造新囚笼的晁盖，对于人格的独立、人性的自由而言都统统是"智多星"吴用（无用），白忙一场。

不相信？你看看明末的江湖老大张献忠入川的残暴，看看清末上山造反的洪秀全定都南京后的那种荒诞、法西斯与内讧残杀，你就会觉得他们跟晚明晚清的朝廷有什么不一样呢？以张、洪这些人的智力与行径而言，他们甚至还不如昏聩的朝廷。

《水浒》表面上说的是造反，实际上说的是社会被逼入末路之后，还是没有新思想能够开辟出一条新出路，只有不断地宿命轮回。

"上穷碧落下黄泉，两处茫茫皆不见"，《水浒》的梁山宿命，也是帝国社会一次次重复改朝换代故事的缩影。

二

儿时的阅读时光所以如此快活，是因为那是个撒丫子就可以满野地跑的年纪，谁也管不着，风雨也不惧，连捅马蜂窝被蜇得鼻青脸肿也觉得十分有趣，因此那时读到的都是好汉们打翻囚笼后的快意恩仇，看见的都是绿林里的阳光乍泄。

但是当穿过风雨成为大人，再读水浒故事时，却分明地看到它写的是：自由这个东西最可贵的不仅仅是得到，而是何处安放。

在古代帝国社会，连江湖大哥本身都是被牢笼囚禁的，什么不能做，什么必须做，什么假装做，都是限定得死死的，谈何个性的舒展、生命的绽放？

《水浒》故事，原是以北宋末年宋江起义史实为基础，进行扩张夸大、想象、加工而成。宋江本人也是历史上的真人真名，而且也确就是宋徽宗时的山东郓城县人，慷慨豪放，喜爱结交江湖好汉，在当地很有威望，只不过他并非县衙押司，而是打渔采藕为生的百姓。宋江率领走投无路的贫苦百姓起义后，攻城破州，开仓放粮，救济穷人，声势与影响都不小，后来在辗转征战江苏海州时中伏被捕，无奈接受招安。后再度起义，失败被杀。很有历史隐喻意味的是，宋江死后五年，北宋亡。

所以，虽然《水浒》大部分内容都是虚构的，但在思想意义上却又可以说不是虚构。张士诚仿佛是宋江，朱元璋仿佛是晁盖，大明王朝仿佛是水泊梁山的扩大版，两者结局也一样，最后都是走投无路。要看社会空气的凝固与思想的压抑如何憋死大明王朝的，可以再复习一遍《万历十五年》。

梁山上的宋江与晁盖都没有新思想，所以即便一路打拼，终于实现了身体的一时解放，财务自由了，但他们以及他们带领的一班兄弟们还是没有出路，只能走老路，最后走成末路。

时至现代社会，思想的开放、自由、创新以及与时俱进，它也不是什么书呆子们的抬头仰望星空，不是什么西方的独家专利，而是为了每个人、每个团队、每个企业、每个社会明天的路越走越宽阔。

时间就是效率，质量就是生命，心灵活泼与思想开放就是创造力，创造力就事关每个人、每个团队、每个民族的切身利益。

时间创造着与改变着世间一切。古人把酒遥问的"天上宫阙""琼楼玉宇"，早已被载人登月、火星登陆车与太空望远镜等利器改变；曾经是神圣无比的祭天祈雨大典，还抵不过一枚人工降雨的火箭炮弹；曾经坚信亘古不变的"天道"、高深莫测到令人敬畏"天机"，早已在万有引力定律面前黯然消散；曾经笼罩着"天命"光芒的什么天子、文曲星、武曲星、三十六天罡七十二地煞等上界星宿下凡的大人物，也早已被证明为不过是银河系第三旋臂上一颗渺如沙粒般行星上的一群再微不足道的碳基生物而已……数千年来，也许这个世界上的人性变化缓慢，但物质与思想观念的变迁早已经沧海桑田，改天换地。

而明末、清末两次巨大社会危机留给我们的血泪历史教训就是：最危险的不是世界的多变，不是未来的不确定性，而是思想的僵化、心灵的呆板与行为上的封闭、守旧与顽固。

三

真理未必是越辩越明。

很多时候，很多情形下，往往是谁握有话语权，谁声音大，谁重复的次数多，谁就占有优势，所以人们不是总结出"谎言说了一万遍就是真理"来了嘛。

但是有两样东西，可以使真理水落石出。

第一个正是时间。天是圆的、地是方的也曾是不言而喻的普遍真理，彗星、日食、地震的出现也曾是天庭发怒的真理，河图、石人、谶语也曾是预报未来的真理，但时间总归证明了它们统统是因为认知不够的臆想。

地球终究在时间里被发现是椭圆的，天庭终究在时间里被证明是不存在的，日食终究在时间里被揭开了真相。

第二个是大规模的社会实践。焚书坑儒也曾是法家的真理，但是秦帝国速生速死的社会实践证明了单靠法家行不通；儒学也曾是大一统的真理，但是五四运动的健将们认识到它救不了近代中国；王阳明的心学也曾是真理，但是心学分支流派也曾造成大明读书人空疏流弊、缺乏事功能力，终于收获亡天下的恶果，顾炎武、王夫之、黄宗羲等时代思想家们痛定思痛，才开启了清初经世致用的"实学"，一直延续到后世革命党人的"实事求是"作风以及"求真务实"的校园训导；俄式城市暴动也曾是革命真理，但是中国的实践是农村包围城市。

然而，即使是可以证明真理的"时间"本身，一旦离开地球，爱因斯坦说连时空都可以扭曲，可见很多真理其实是在需要在一定的环境与条件下才起作用的。

即使是论证真理的大规模社会实践本身，也只是在一定历史条件与社会环境下的"阶段性事件"，即便"时间"这个变量不变，只要历史条件与社会环境一变，实践得出的结论也就不能再通行无误。

所以，时移事变，真理未必恒真。辩证法也说变是绝对的，不变是相对的，所以我还是相信"实践是检验真理的唯一标准"。一个实践接着一个实践，不断用下一个实践打破上一个实践。不断实践，不断改变。这就必然要引发不断的改革、需要不断的开放。

改革就是否定并调整掉过去不对的、不妥的、不合适的东西；开放就是不守旧、不复古、张开胸怀迎接新事物，就是给新事物生长试试看的温和环境；实践就是在现有客观环境条件下不断验证一件事情合不合适、是否存在陷阱或隐患、何时淘汰放弃或是何时迭代升级。

几千年来的一次次社会实践就证明了两件事：第一，那就是在思想这件事之外，不能有一个囚笼罩着它。第二，思想这件事本身必须一直保持开放，必须在变化中与时俱进。

反之，中外历史又多少次展示了另外一种悲剧事实：那些秉承"祖宗之法不可变"的历朝历代社会精英们，最后总是弄到自身与社会都双双困在现实里，勤奋地作茧自缚，最后找不到出路，将自己与社会一起推入劫难的深渊。

曾经，犹太教规定只有本族人可以被上帝"选中"，但是走出犹太人小圈子的基督教不是才因此普及开来了吗？曾经，基督教的旧规不可变，但是宗教革命之后新教、清教不是开辟新天地了吗？

曾经，皇命天授、中央帝国家天下之法不可变，但是革命运动不是扫荡了袁世凯的残梦了吗？曾经，计划经济之法不可变，但是市场经济不是成为主体了吗？曾经，新自由主义经济之法不可变，但是"次贷危机"重创了美国社会了吗？

这些都是打破思想囚笼、又都是不断以一次次实践检验与改变的结果。

手机里的 APP 几乎取代了电视、报纸与门户网站，电商几乎取代了传统百货商场，IBM 没有抱着 PC 硬件不放，华为看见了无人区，物联网将使得万物互联，任何一个做企业的人都明白创新就是生命力。

而创新来自大胆探索。

而大胆探索需要心灵活泼、思想开放。

如果思想与心灵不开放，怎么走出创新的无人区呢？未来又怎么持续突破、持续领先呢？

四

当我们踏入社会，我们这代人遇见的时代主题是经济，是创业，是互联网，是万物互联，是区块链，是人工智能，是新能源。看起来，思想者在这个时代是不合时宜的，财务自由才是这代人真实的生活主题，只需看看村间乡亲、市井百姓、同学好友最关心的是什么就知道了。

的确，现代人财务不自由，吃饭的身体就有羁绊，大脑就不敢太放肆——但这个时代真的就不需要思想创新了吗？

想起那年暮春，老师讲到孟子的"富贵不能淫，威武不能屈，贫贱不能移"时温和的笑，他说你们将来走上社会呢，做事也不要一根筋，还是要能屈能伸的，但是在大的原则、大的方向上，心底里要保留着孟子讲的这种浩气，这是我们文化的根。

什么叫大的原则、大的方向呢？当时并不太清楚。走上社会后，时代如此多变，潮流奔腾激荡，光是找到自己人生的方向已经不易，更别说什么大的方向了，所以结合具体事情就更加模糊了。

但是我想我现在已经有了自己的理解。孟子所谓的"浩气"自有它本身的解释，如孟子就说它是"其为气也，至大至刚，以直养而无害，则塞于天地之间；其为气也，配义与道"。但对于我们今天的现代人来说，我想，这种浩气的内涵大概应该进化为：心灵上的独立自主，人格上的自尊与尊人，情感上的自爱与爱人，精神上不被外物限制与奴役，物质上不要接受别人的强迫，也不要去强迫别人，而要按照每个人的意愿与方式去生活，在你的心灵田地开自己的花，追逐你自己哪怕是再平凡不过的梦想。

天上没有神，人间也不应有偶像，没有人可以凌驾在他人心灵与精神之上，工作中也不应受哪种观点强制。你是山里太上老君的道法也好，你是西天如来的佛法也罢，你是人间烟火里的儒家法家也行，你是西方基督文化下的信徒也可以，都来实践里充分开花、充分竞放好了，鞋子到底合不合适，就让脚去知道吧。

谁负谁胜出天也不知晓，历史里实践下来的结果是什么就是什么，而最后我们多半会发现一个有趣又惊喜的现象：各种思想往往是先相互高声排斥，随后迎面猛烈碰撞，接着相互激烈竞争，然后开始相互小心翼翼地窥探研究对方，然后不得不采取现实主义态度去相互取长补短，最后心照不宣地相互融合。

不是吗？

法家曾经鄙视儒家徒有其表，儒家曾经对法家不近人情痛心疾首，可是后来历朝历代不都是"儒表法里"地合体了吗？佛教尚空、主张舍"此岸"世界而赴"彼岸"，可它自东汉传入中国后，到隋唐时不是发展成为主张修身见性、人人皆可在"此岸"成佛的新禅宗了吗？而儒家不是也认真研究与模仿了佛教精细的逻辑系统、发展出体系化严谨的程朱理学了吗？计划经济曾经视自由贸易为资本主义尾巴，市场经济曾经视国家干预为大敌，但是罗斯福新政不是也曾大行国家计划之道、拜登治下的美国政府不也是从新能源到芯片都开始以各种国家行为干预市场吗？而曾经信奉计划经济的我们，这些年来不也甚至都为西方不承认我们市场经济地位而感到愤愤不平了吗？

在实践真理这条路上，当时认为错的，未必一直错；当时认为对的，未必一直对。无论是古代中国的老子思想，还是近代马克思的辩证法，他们都有这样相近的观点：对错，在时间的流动里，在条件的变化中，都有可能相互转化。

也就是说，当某一种想法、某一种主张应用于具体实践，当某段时间、某些条件改变时，对的也可能变成错的，错的也可能变成对的，黑白也可能颠倒，是非也可能换位。武侠小说《倚天屠龙记》里张无忌"乾坤大挪移"那种夸张功夫，在思想实践的世界里不但是可能的，而且还常常发生。

因此，在现实社会的俗务里，对立的事物也可能握手言和，对阵的敌人也可能成为朋友，对抗的思想也可能成为互为药方，互补短长，互相融合。

"思想自由，兼容并包"，蔡元培先生如是说。

在我们追求财务自由之路上，需要关心一下自己心灵家园是否还保持着思想的活泼与敏锐吗？是的。即便不是为了应对未来世界莫测的未知突变，即便只是为了应对现实社会里激烈的甚至是残酷的竞争，即便只是为了应对国际社会里技术领先者的霸凌行径，那也逼迫我们必须逐渐酿就自己的"元创新""元突破"的土壤，而这样的土壤只有来自思想的不断开放、不断探索、不断求变，来自我们精神世界能够始终拥有独立思辨的能力。

不是这个时代不再需要思想创新，而是任何时代都永远需要思想创新。

今天这个大时代，更是尤其需要。若没有思想创新，则核心科技的元创新、未知领域的元突破就是无源之水；若没有思想创新，则变幻莫测的未来世界就必定危机四伏。

身逢风云激荡大时代，技术革新又一日千里，我们很难固守什么旧事物，也没有人知道未来世界会是什么样子的，因此昔日老师那温暖笑容的全部意义就在于：当我们一代又一代的中国年轻人走上社会，我们做事方式或许可以能屈能伸，但真正有价值的大原则与大方向必然是确保一代代青年人心灵活泼、开放、敢为天下先。

唯有一代代青年人的生命力与创造力能够一直生机勃勃，企业与国家才能够永不为现实困境所挟持、永不为外部强者与强权所制。

五

在朋友圈好几次看到过屠龙少年的留言，每次看到都觉得耳目一新。

恶龙祸害村庄，不断有无畏的少年英雄去与恶龙搏斗，却从无人能够生还。当又一个英雄出发时，有人悄悄尾随查看究竟，真相于是才被揭开：少年英雄闯入铺满了金银财宝的龙穴，手执利剑与恶龙血战，当他杀死恶龙、坐在恶龙尸身上后，看着满地闪烁的珠宝再也舍不得离开，慢慢地他长出鳞片、长身、触角和爪足，最终变成了新的恶龙。

肩负使命的屠龙少年从英雄变成恶龙，从村民的希望变为对立面，这只是又一个隐喻。

隐喻什么？隐喻人性是经不起考验的。

以大历史的眼光看，人类历史的发展用一次又一次的事实证明了另外一个事实：人性自发的道德是不可靠的，任何试图用自发道德抵御人性贪念的集体行为，实践到最后无一不归于沦陷。

只有在成熟的外部环境惯性推动下、约束与强制下，人性的良知才能普遍发生，这正如人们遵守交通规则的普遍道德首先来自红绿灯与违章处罚。

思想也可以是英雄少年，也可以因为人性的自恋或贪念而变成了恶龙。近现代世界的诸多历史悲剧你不曾见过吗？所以如果没有成熟的外在环境惯性推动思想趋向于开放与活力，那么思想就多半会趋向于保守与僵化。

而思想开放，就是为了在多变的近现代世界里，让所有当初怀揣着纯粹理想信念、而终于创业有成的英雄们能够时时警醒自己是否正在被固有事物、固有环境、固有思维方式的珠光宝气所吸引，所迷惑，舍不得离开，从而有浑然不觉逐渐沦陷为恶龙的危险。

保持思想的开放与心灵的活泼，就是为了能够对新事物保持敏锐，就是为了每一个英雄万里归来仍是那个纯情少年，就是为了让每一次上了梁山的兄弟们能有新出路。

而这个世界上的每一个人、每一个家族、每一个团体、每一个单位、每一个企业、每一个民族、每一个国家、每一个社会、每一种文明其实一直始终都身在梁山上，你不觉得吗？

六

很多人都曾梦想有一天能笑傲江湖，既有慷慨豪侠的气概独行于世，又有卓绝实力会尽天下英雄。

于是我们不断努力，不断扩张眼前的规模，渴望晋升、加码、升级实力；我们怀抱理想，创业，无日无夜地拼命，渴望有朝一日敲锣上市、挥斥方遒……但是朋友们，也要记得适时地退而远瞻，远瞻一下你要跋涉到的那个远方、你当下驾驭的天地是否已经把你带离了初衷，你是否已无法制衡心中的那头猛虎、那条虬龙，你是否已浑然不觉地陷入了自己一手打造的囚笼？

以下情节来自小说《笑傲江湖》：

任我行复出江湖后，他的梦想是践行数十年间在西湖牢底的唯一愿望：找东方不败复仇。终于有一天他带上死党向问天、女儿任盈盈，邀上青年新秀令狐冲，一起就去了黑木崖。众人都是将生死置之度外，一番齐心协力死扛与血拼，大功告成。

魔教众人于是就像曾经恭维东方不败一样去恭维新教主。

一开始，任我行笑骂道："胡说八道！什么千秋万载？"

接着怎么样呢？任我行"忽觉倘若真能千秋万载，一统江湖，确是人生至乐，忍不住又哈哈大笑……"

"令狐冲见任我行显得面目十分狰狞，心中更感到一阵惊怖。"

待到邀约令狐冲入日月神教不成后，任我行双眉渐渐竖起，阴森森地道："不听我吩咐，日后会有什么下场，你该知道。"

任我行以前当日月神教教主，与教下部属都是兄弟相称，相见时也只是抱拳拱手而已，突见众人跪下……心下忽想："无威不足以服众。当年我教主之位为奸人篡夺，便因为太过仁善。这跪拜之礼既是东方不败定下了，也不必取消了。"

令狐冲这时已退到殿口，与教主的座位相距已遥，灯光又暗，远远望去，任我行的容貌已颇为朦胧，忽想："坐在这位子上的，是任我行还是东方不败，却有什么分别？"

"令狐冲站在殿口，太阳光从背后射来，殿外一片明朗，阴暗的长殿之中却有近百人伏在地上，口吐颂辞。他心下说不出地厌恶，寻思：'要我学这些人的样，岂非枉自为人？'"

"耳听这些人话声颤抖，显得十分害怕，令狐冲暗道：'任教主还是和东方不败一样，以恐惧之心威慑教众。众人面子上恭顺，心底却愤怒不服，这个忠字又从何说起？'"

《笑傲江湖》这段情节为什么令我印象特别深刻？想来，那其实是因为从出生到寂灭，每个人的生命都不过是一程旅途，在这个旅途中，如果说唐僧师徒四人与白龙马是分别代表了一个人的信念、负重、奋斗、贪婪、得过且过等这五个不同的方面，那么令狐冲与任我行其实也就是分别指一个人的初心与妄心。

令狐冲与任我行，其实本就是一个人。令狐冲就是那个屠龙少年，任我行就是少年屠龙后的变身。

因此对每一个曾梦想笑傲江湖的少年来说，人生更好的归属也许是屠龙前的任我行，或者是屠龙后转身离去的令狐冲。

以长长的人类大历史而言，这个世界不断演变的时代趋势一直都是一次次在维护整体利益之下更深层次地解放人的个体价值，解放人性之中更多的自主权与独立权，这种潮流浩浩荡荡，确实是人力所不可阻挡的。

个体的独立价值与尊严是如此来之不易，但如果拉上一众兄弟们风风火火争取来的自由却没有办法安放，如果心灵与精神上找不到新出路，如果还要弄出个新囚笼来压榨众生、囚禁自己，还要给人性排出个座次等级，那从根本上来说，当你的这具躯壳在时间里老化至于腐朽，当生命终了，你的这趟人生旅程又有什么意义呢？

如果这个富贵倾城的事业只是股票的涨涨落落，如果最初发誓要让日月放光明的理想变成了垄断与独霸的魔教，如果白衣少年归来后变成了面目狰狞的任我行，那么一个人在世间呕心沥血修炼出来的成果终究也不过是梦幻泡影，一个人想要在世间留下的价值也刹那间风过无遗痕，乃至归于历史的黑洞。

假如是这样，那还不如趁早急流勇退，握着任盈盈姑娘的柔荑素手，带上一张瑶琴，转身回归山野田园，做个令狐冲那样的隐士呢。

七

宋词曰：昨夜雨疏风骤，浓睡不消残酒。试问卷帘人，却道海棠依旧。知否？知否？应是绿肥红瘦。

纷繁多变的时代扑面而来，我们生活的每一天多像一曲《如梦令》。身处雨疏风骤般的时代浪潮中，多少人潜意识里总愿意一切还是海棠依旧，然而不经意间又有多少改变时代的新事物已悄然崛起？

别回头，也不要停留。

当你在创业的赛道里无日无夜角逐时，当你在兑现理想的荆棘途中翻越一座座山头时，愿你费尽半生心血奋斗来的那个东西，不是变成你当初曾厌恶的——或者说，当你苦苦跋涉后，你看到的山上风光、眼底的人间景象，还是你当初在山下梦里喜欢的、向往的。

有个做企业的大哥在朋友圈写道：世人几乎都听过"不忘初心，方得始终"，却很少有人知道下一句"初心易得，始终难守"。

在策马穿过昨夜的疾风骤雨之后，愿你我胸间怀有的还是那颗人间赤子之心。

不论是绿肥还是红瘦，一年又一年，仍如当年。

后 记
POSTSCRIPT

**因为看过了长线的历史，
所以我相信中国的内容**

在后记里，首先想要说明的是，由于当初单篇文章论述的需要，使得这本小书中的少部分文章内容里不免稍有重复的地方，这是想请读者理解的。

本来我也准备在书后罗列出文章中涉及的全部参考资料的，但是翻了翻这些文章后，又感觉也无从下手。一是由于我当初写这些文章时大多是结合当时社会事件的，如今时过境迁，也没心思再回过头去一篇篇对照查找那些散落各处的各种零星资料、以便一一列出了；二是这本小书也实在算不上什么学术著作，用不着那么论证严谨；三是凡涉及引用参考书中内容篇幅稍微多一点的或稍重要些的，我在文章中一般都会提及相关作者，例如孔子、朱熹、黄宗羲、黄仁宇、冯友兰、余英时、劳思光、杨立华、张洪彬、傅国涌、易中天、张宏杰、杨光斌、作家残雪等等诸位先生。文中案例涉及的相关史实方面，则主要来自《资治通鉴》《史记》、林语堂的《苏东坡传》《明史》"列传"的张居正卷、《明朝那些事儿》等著作；我也差不多阅读了所能够读到的全部玄奘法师传记、胡雪岩传记。此外，多年前我也研读了《管子》全书，有一篇文章引用了其中一些内容用于分析团队与人性的某些关系。有两三篇文章中也引用了小说的情节，用于分析一些典型的人物心理，主要有《水浒传》、金庸先生的《笑傲江湖》等。这里我对所有提及的所引之书的作者、还有那些无法寻及的作者谨表由衷敬意与感谢。我也要对那些曾以思想之光照耀过我心灵的师长们表达由衷敬意与感谢，他们那些或散发在课堂上、或凝聚于专著中的光芒都曾启迪过我，并对我写作这本小书有所助益。

同时还要衷心感谢广东人民出版社的肖风华社长、北京分社的高高和段洁。感谢肖风华先生邀约、策划并推动我写这本小书，感谢段洁兄弟用心选题、劳心创作书名与耐心编辑。我也想要借这本小书出版的机会感谢许多年来一直默默守护在我身边、或在远处守候我的许多亲爱的人们，谢谢你们的付出与支持。如你们所知，这本小书仅仅是我一个浅浅的尝试，而我一直计划在时间里沉淀出一本触及认识问题根本的专项著作，我想那将是我心力的凝聚。

后记中要特别说一个人，他就是黄仁宇先生。黄仁宇先生的"大历史观"影响了我，是我思考历史与现实关系的起点，读者可从这本小书中发现这一点。

然而，人寿终有止境，黄仁宇先生终其一生为思考中国历史提出了一个宏观眼界，但却没有更长的生命机会继续深入下去思考。并且，黄仁宇先生治学的主要功夫也是花在明史方面，然后扩展至由古代到近现代中国的制度、财政、社会结构等几个方面，逐渐升华出了一种大历史观下的思考眼界。但是，在黄仁宇先生的著作中，文化的论述是比较少的，而我认为文化却是并列于经济、地理生存环境、制度的，是这四个因素的合力才造成了社会面貌的主体。甚至从长线的眼光看，文化传统影响社会还要偏重一些。另一方面，黄仁宇先生是从抗日战场上的军人转为学者的，以34岁"高龄"方始从大学三年级读起，这就使得他在中国历史领域做出了一系列影响之后，人生已没有太多精力去思考中国文化传统在现代社会中的优劣，尤其是在与西方文化比较之中去思考中国文化传统在现代社会的优长与短处。

黄仁宇先生也没有机会观察2020年代的中国所面临的外部挑战。这也包括深植中国社会深处的传统文化在与现代世界的猛烈撞击中的蝶变、发展可能性与命运，以及中国文化最终又如何迎接这种挑战。

今日中国文化正面临着"天雷地火"一般生存环境。说"天雷"，那是来自现代社会转型的压力；说"地火"，那是来自社会内部心灵寻找归宿的压力。

然而我却相信这是好事。因为我认为如果没有压力的话，任何社会核心内容都无法获得脱胎换骨的成长；而如果没有继续成长，则任何核心内容都会逐渐老化，拥有这种"核心内容"的国家与民族生命力也会跟着逐步退化。

正因为如此，我认为今日中国所面临的这种挑战也无须焦虑。它将是中国文化一边自我汰旧、一边涅槃新生的最好战场。

黄仁宇先生观察到上世纪80年代即将结束时，传统中国向现代社会转型即已宣告完成，他的判断依据是中国已经能够"从数目字上管理国家"。然而我认为事实不仅仅如此。如果把能够"从数目字上管理国家"视为中国社会现代转型的一个标志，那么我认为中国的现代转型不是已经完成了，而是在建立了基础之后才刚刚进入生长的初步阶段。

如果以依照黄仁宇先生所提及的"五百年"为历史单位去看中国的话，那么从1912年传统意义上的中国结束算起，今日中国才刚刚结束最新一个五百年历史周期中的第一个百年。

进入现代社会的中国仍然很年轻。中国的现代转型仍然山重水复，险隘延绵。

在近代以前的两三千年历史中，中国社会的"核心内容"受到的最大冲击是佛教的"入侵"。从东汉中期佛教传入中国开始，到"程朱理学"在南宋时期基本建构完毕，以儒家文化为"核心内容"的中国社会差不多用了千年时间才最终完成了对佛教这种外来"内容"的消化。而且，融入了佛教"内容"之后的新儒学——"宋明理学"在大明王朝的社会实践并不理想，那就表明儒学对佛教的消化与融合还谈不上圆融。

距今一千两百年前，唐宪宗元和十四年，韩愈写了一道著名的奏折《谏迎佛骨表》，反对李唐皇室迎接佛骨"舍利子"入宫供养。那时，佛教进入中国已有七百年左右，不但在中国社会深深扎根，而且极为盛行，"南朝四百八十寺，多少楼台烟雨中"这样诗句描述的正是处于隋唐帝国前夜的南北朝期间的佛教盛况。这首诗的作者杜牧本人主要生活在唐宪宗至唐文宗时期，和韩愈也算是前后辈的同时期知识精英了。其时李唐王朝国力衰微，皇室却笃信佛教，杜牧感慨系之，遂以南北朝时梁朝尚佛误国之事隐喻，透露出了他对李唐王朝重蹈覆辙之势的深切忧虑。其实早在唐朝初期，就已经有了闻名的玄奘和尚西行取经事件，并且玄奘也与唐太宗李世民、唐高宗李治交往颇深，玄奘法师所主持佛经翻译工作，工程宏大，参与人数众多，经年累月地投入，若无朝廷的支持是不可能展开的。

佛教尚"空"，是一种放下、舍离与出世的信仰；中国本土的传统儒家信念却一贯积极入世，主张在现世实现纲常伦理秩序下的王道乐土。因此，佛教这种外来宗教与本土儒家传统思想看起来是如此地背道而驰。儒佛两方长期对立的矛盾终于使知识精英的内心陷入了不可调和的冲突境地。

然而当时看似势不两立的矛盾双方，数百年之后回头一看，《谏迎佛骨表》其实恰恰拉开了儒佛两相和解、两相融合的序幕。

由韩愈、柳宗元、李翱、刘禹锡开启与引领的"古文运动"正是儒家在外来挑战面前痛定思痛的反思行动。"古文运动"在形式上是反对骈文华丽辞藻，改革文风，主张"文道合一，务去陈词"，实质上却是要复兴儒学道统。这种反思行动延续到了宋代，欧阳修、苏洵、苏轼、苏辙等人都是其中领袖，是为"唐宋八大家"。

其实在这种文化运动的背后，归根到底还是在佛教盛行面前痛彻反思儒学如何自立的问题。

非常明显地，韩愈在《原道》一文所申述的仁、义、道、德等主张（"博爱之谓仁，行而宜之之谓义，由是之焉之谓道，足乎己无待于外者之谓德"），全力排斥佛教、道家思想，力图描绘出一种从尧、舜、禹、汤到周公、孔子、孟子的儒家道统传承的谱系，想要使得儒学重新成为指导人们生活的心头日月。他不仅在《原道》一文中引用《大学》内容作为论据，要以儒学入世的"治心"去破除佛教出世的"治心"，还煞费苦心地从《礼记》中摘录出了《大学》这一章单独成书。此举在北宋时又得到程颐、程颢兄弟等人的极力推崇，南宋时朱熹则将《大学》收入"四书"，成为儒家必读经典。原本寂寂无名《大学》为何在这个历史时期突然如此重要？因为《大学》虽然仅仅两千一百余字，却阐述了修身、齐家、治国、平天下的"入世"主张及修身方法，正好是当时儒家精英们迫切需要的、用以对抗佛教尚"空"观念的有力武器。（详见余英时先生的相关著作）

朱熹是集大成者，他将北宋周敦颐、张载、程颐、程颢等人的思想进行统合凝练，构建了以"理"为核心的新儒学哲学体系，也就是我们通常说的"程朱理学"。

程朱理学也被称为新儒学，它与汉代董仲舒"天人感应"的儒学体系明显不同。程朱理学通过论证宇宙的根本是"充塞流行"的"理"与"气"，人生的"此岸"与"彼岸"都为实有，而不是佛教认为的那种"虚妄"与"空寂"，近而试图从根本上驳斥倒佛教那种否定此世、舍离此世的观念。

尽管程朱理学新儒家们的主张与佛教精神如此相反，但好笑的是，新儒家们一面忙着否定佛教，一面却悄悄学习他们所批判的这个"敌人"，以至于他们的新儒学不但在思考模式与逻辑结构上参考了佛教的新禅宗、华严宗，而且新儒学思想也有意无意地吸收了相当部分的华严宗精义。

比如在核心观点上，佛教华严宗说上至浩渺宇宙、下至微妙万物，无不归于"真如"一理，真如是事之体、事之本，事是真如之用、真如之现；程朱理学就说"理"上充满于天地宇宙、下充满于身体万物。

在本质与现象的关系上，佛教华严宗认为事是因理而生，即使事的表征外相消失了，理却还会存在；程朱理学就说万物统一于理，"不为尧存，不为桀亡"，理是永恒在那边的，只是现象生生灭灭、来来往往。

在逻辑结构上，华严宗说理与事是"一多"关系，永恒的真如一理只有一个，可变的事不可胜数；但真如的一，是包含了所有事多的一，离开了事多也就无所谓一了，反过来，多也是相对于一的多。华严宗的这种逻辑都被程颐、程颢、朱熹汲取过去了，二程兄弟就说"天下只有一个理，有理而后有万象"，"一物之理即为万物之理"；朱熹甚至直接借用佛教比喻来解释自己思想逻辑，说理与物的关系就像"如月在天，只一而已；乃散在江湖，则随处可见，不可谓月已分也"。（参见《佛教与程朱理学本体论联系探析》，吴静、朱琳）

程朱理学认为宇宙实体也是人体，天地之心也是人心，等到后世继承宋儒衣钵而别开生面的王阳明"心学"流行起来，他那种"心外无物、心外无理"的讲法其实跟佛教禅宗"即心是佛"的语式也没什么差别。

非但如此，程朱理学甚至就连让儒生们静思参悟天理的修身办法，也都是明显地学习了佛教禅宗的静坐功夫。

这就是说，程朱理学算是"吃定"了佛教。它不但吸收了佛教的思想，参考了佛教的逻辑结构，连佛教的修行办法也都学去了。

程朱理学这样里里外外对着佛教学了个透彻，却还好意思义正辞严地极力批判、否定佛教，你说人家佛教是有多委屈啊！

但是对于程朱理学的这种"大胆借鉴"的行为，佛教其实也不必报以苦笑，因为佛教自己在中国化过程中也是一样悄悄汲取了孟子"心性论"的儒学思想资源。

印度佛教自东汉中期进入中国，经过四五百年间的发展后，到了隋唐时期已经将中国本土文化精华充分汲取了七七八八了，悄无声息地完成了"中国化"：隋唐时，中国佛教徒终于自己开宗立派，创建了天台宗、华严宗、禅宗。前两者，在消化印度佛教一些经论的基础上，结合中国本土的"德性"文化，自建了"有中国特色"的佛学理论体系，其思想已与印度佛教有巨大差异，更与印度佛教中的"种姓"说法逻辑相反；后者，唐代六祖慧能时，佛教禅宗就已经告别了印度佛教那种"出世解脱"的追求方向，不再多谈什么来世了，转而主张说每个人在今生今世都可以顿悟成佛，并且在平常生活日用里就可以修行，可以不必出家。（参见《新编中国哲学史》第二卷，劳思光）

新禅宗的这种主张对信众来说颇有熟悉的味道，因为它特别像儒家孟子说的那种人人皆可修炼成君子的观念。

儒、佛两方在人生心灵归宿这个大是大非问题上完全相反，"人生终极出口"迥异，可是这样的相反为何却又不妨碍它们在某些方面被对方深深吸引呢？归根到底，还是因为儒、佛两家都在对方身上既看见了自己一直欠缺的东西。

对于儒家，自从董仲舒"天人感应"的儒学体系在东汉乱世中因为屡屡"感应失灵"而崩溃后，儒学就被人们抛弃了，此后儒学就一直无法再重建系统，从而不能重新吸引知识精英阶层与一般百姓，信仰领地全面落入到了佛教寺院那些清脆连绵的钟声笼罩之下。儒生们一直想要收复失地，奈何汉儒那种"天人感应"的宇宙论儒学系统已经无人再信，而他们又一直没能创造出来什么新系统。这样，当佛教思想体系在中国发展了五六百年，已经"中国化"得很成熟了，儒家精英们看着佛教那样严谨的逻辑体系当然会两眼放光，悠然神往，于是将对手的体系"借鉴"一番的事情也就在所难免了。

而对于佛教来说，虽然佛教自从东汉乱世起就开始逐步被人们接受为主流信仰，佛法广被中国南北大地，信徒无数，但佛教本身却始终笼罩在巨大的危险之中。

因为佛教终究是外来宗教，其"轮回"的出世思想违背了华夏文明的本质。在世俗意义上，从东汉到隋唐四百年之间的分裂乱世之中，尚"空"与持"彼世"论的佛教也无法为渴求国家统一的大陆农耕文明提供什么有益的精神资源。更严重的是，当佛教兴盛之际，竟有数百万众不事生产的僧人，不但令社会失去大量劳动力，而且寺院占据大量耕田又令朝廷失去大量赋税。正是由于这些种种原因，历史上就先后在北魏太武帝、北周武帝、唐武宗、后周世宗期间出现过四次大规模的灭佛运动，这就是佛教史上有名的"三武一宗"法难。

所以，为了在中原生存下去、站住脚跟，佛教"中国化"的愿望就特别强烈，就不能不吸收中国本土既有的文化资源，发展出适应中国社会需要的新佛学主张。

无论是尚空的佛教，还是尚实的儒学，它们要想被知识精英阶层与市井百姓普遍接受、获得广泛传播，就都必须思考如何适应与服务于辽阔大陆农耕文明下的社会现实需要。最终，儒、佛两家都自觉地向秦汉以来的政治、经济、文化、习俗等诸多传统与现实靠拢，于是它们在说法方向、内容方式、结构逻辑上也就不自觉地相互取长补短，并日渐趋同——虽然在本质上，两者的心灵归宿指向仍然是相反的、对立的。

这样，作为对佛教盛极一时的对抗，儒学到了南宋时期终于在事实上完成了对佛教的消化，程朱理学诞生；而在更早的唐朝时期，以六祖慧能创立新禅宗为标志，中国特色的新佛教也隐而不宣地完成了对中国本土文化资源的吸收与消化，最终促成了儒、佛双方在许多方面相互融合的千年壮举。

往前看历史，这种事情是刚出现的吗？

不，它只是重复了昨日中国故事。

春秋战国时期，在诸子百家争鸣中最后胜出的是法家、儒家。这两家早期也是互看对方极不顺眼：儒家斥责法家急功近利到了灭绝人性、不近人情、伦理皆丧的程度，而法家则鄙视儒家假大空、不切实际、毫无用处。

但最后怎么样了呢？如你所知，最后儒法两家互补短长，无声无息地融合了。

儒家先贤、战国末期的荀子就是这种融合的代表人物。荀子"隆礼效功"思想既特别重视儒家礼乐秩序，也派生出了法家那样很有实际社会功效的内容及具体可操作性。因此荀子的弟子，既有法家代表人物韩非、李斯，也有后来成为汉初丞相的儒家张苍等人。

而最为关键的是，后世历朝历代的中央帝国实行的都是儒法兼备、"儒表法里"的并行治理模式。

再向后看历史，这种事情遥远吗？

不，如果以五年十年为单位去看，那它当然是很遥远；但如果以五百年为单位去看的话，那就一点也不遥远。

实际上，唐宋时期由韩愈、柳宗元、欧阳修等人发起的"古文运动"，近代中国由陈独秀、李大钊、胡适、鲁迅、蔡元培等人发起的"新文化运动"，二者在行为逻辑模式上又有什么本质区别吗？

只不过韩、柳、欧阳等人反对的是装腔作势的南北朝华丽骈文，提倡的是性出天然的古散文，他们倡导"文以载道"，是要借助复兴古文自由精炼的文风来反佛教，重新建立儒家道统。

而陈、李、胡、鲁等人反对的却是八股文言文，提倡的是现代白话文，"我手写我口"，不要再刻板、僵化、八股，他们这些近现代知识精英们是要借此反礼教，迎接现代新文化、新思想、新世界。

我特意查阅历史年代计算了一下：

如果把唐宪宗819年看作韩愈发起"古文运动"、对抗佛教看作起点，那么到1396年大明王朝建立、开始完全地实践"程朱理学"，这段路走了549年；

而从大明王朝开始实践"宋明理学"算起，到民国初的1915年陈独秀在《新青年》上发表文章肇启"新文化运动"、反对儒家礼教，这段路程是519年。

一个549年，一个519年，二者都刚好符合黄仁宇先生提出的以"五百年"为单位的大历史观,这难道是历史的巧合吗?

我想那当然不是了。

我们可以分明地看到,在隔着长长时代的这两群中国知识精英的背后,一个是儒家文化面对佛教的"入侵",一个是儒家文化面对西方近现代文化浪潮的冲击。

他们的本质,不过都是儒家文化如何迎接外来挑战而已。

而从结果上看,前后两个五百年间,那两群可敬又可爱的知识精英们,他们的英雄主义壮举终究都没能将他们所反对的目标"吃掉":佛教仍然在,只不过在宋代,当它被程朱理学取代了社会主导地位之后,它更深度地蝶变成了本土流行广泛的中国新禅宗;儒家仍然在,只不过在历经近现代多次革命运动之后,它蝶变成了当代中国精英群体中的新君子精神。

这种情形也同样在日本发生过。

公元5世纪到8世纪,当佛教经由朝鲜传入日本后,与日本本土的神道教也曾发生激烈的冲突。当时还处于朴素散乱阶段的日本神道教,既没有具体的教义,也没有什么完整的体系,面对逻辑缜密、体系完整的佛教冲击,自然难以招架。钦明天皇朝廷中的两大实力派大臣物部尾舆、苏我稻目态度迥异,物部氏极力反对佛教,认为信奉外来"番神"必然触怒本土"国神",众神灵们一定会降罪于日本,因此他强烈坚持守护好本土的神道教;苏我氏则极力推崇学习与吸收外来"先进文化",认为佛教可以繁荣昌盛日本,他的根据是"西方诸国(中国、朝鲜、印度)都礼敬佛教,日本怎么能例外呢?"钦明天皇则在两派阵营中左右摇摆,反反复复,一会儿接受佛教,一会儿又焚毁寺庙。

最终，神道教与佛教在日本还是逐渐实现了融合。神道教的"神灵们"既被看作为佛教的护法神，又被视作为佛降临日本本土后的化身，他们就这样被日本人暧昧不清地"神佛一体化"了。

这倒是特别像日本后来面对近代西方文明的做派。本土的传统要保持，外来的事物也接受，合在一起后也不知道怎么就生长出它自己"独特的"民族新文化了。

回顾佛教在中国、日本的这两段历史，你有什么感触呢？

在全球化大趋势下的今天，当面对汹涌而至的外来文化尤其是西方文化，作为儒家文化传统下的炎黄子孙，我们应该竭力反对与抵制吗？抑或是开怀拥抱吗？

这其实也是一个让今天中国各阶层纠结的选项。

从前我们的学堂课本中将陈、李、胡、鲁等人领导的"五四新文化运动"视为伟大的革命之举，可是如今在复兴文化传统的普遍社会心态下，却又怀疑"新文化运动"的健将们当初反儒家是不是反错了呢？其实"五四运动"诸君们身处传统与现代两种浪潮对冲阶段，尤其是在"五四运动"之后，他们当时面临最迫切的问题是民族的救亡图存，是对国家积弱落后现实的焦虑，他们如此激烈地反封建反儒教有其时代的必然性与合理性，时代也根本没给他们足够长的安静的思考时间。

到了今天，面对西方文化，我们社会又出现了复杂的情结，反复为开放还是收缩、中学还是西学、中医还是西医、七夕节还是情人节、春节还是圣诞节、清明节还是万圣节、甚至是馒头米粥还是牛奶鸡蛋这些事情争吵不休，絮絮叨叨抑或是情绪上头，乃至时常因为某个具体事情在社会上掀起波澜，并且一再出现彼此对立、相互嘲讽的两类群体。

在这背后，更大的波澜是倡导汲取西方近现代文化中优长部分的群体往往是知识精英阶层，但令他们十分郁闷的是，他们倡导现代文化精神的言行又往往不被一般民众尤其是基层群众理解，反而常常被群情激昂的斥骂所包围，于是张口结舌之下，他们中间那些懂得明哲保身的人们索性就少说为妙拉倒了。

于是，一边是中国文化传统，一边是以西方为代表的现代文化，它们的复杂关系问题始终困扰着我们很多人。

可是那些誓要复兴民族文化传统的一般民众，以及被群情激昂的社会情绪带动起来的一般青年学生呢？他们又往往空有一番热血沸腾的民族主义精神，却缺乏基本的学识与大历史眼界，无法看清中国文化传统与现代文化之间的关系，所以除了空喊一些激情爱国的口号之外也拿不出理性的主张，于是渐渐就往狭隘的民族主义方向奔去了，他们中的一些人从反圣诞、反英语、反西方发展到反西医、反民主、反自由，甚至还有人打出反科学、反市场的号召，盲目崇拜一些明显属于封建意识的"内容"。

可是再这样一路反下去，岂不是要重回闭关自守、落后挨打的旧路上去吗？

西方对中国不友好，也不是一天两天的事了。从鸦片战争以来，他们就一直是这种盛气凌人的表情。实际上，近现代的西方社会在这个地球上的任何角落都一直是一副上帝视角与傲慢口吻，这丝毫不奇怪。毛主席说过"落后就要挨打"，客观世界那自然就是"领先就要傲慢"，毕竟近现代文化、工业化、信息化都首先是从他们西方开始孕育与发展起来的。都说物质决定意识，物质领先自然

后记

决定了意识傲慢，这种事情都快两三百年了。

但我们可以化压力为自尊、自强、自立的志气，却断不可以将这种压力演变成失去理性的躁气与戾气，尤其不能像从前那个乞丐流氓出身的朱元璋那样鼠目寸光、无知无畏，并进而发展出闭关自守的愚昧行为。华为任正非曾说过"民粹主义将让我们再次落后"，我认为这话一点也不错。

反对是有意义的，因为可以促使我们独立自主。

反对又是问题重重的，因为如今中国本身已经站在儒家传统与西方近现代文化交融的大潮之中。

譬如当你站在长江入海口处的崇明岛岸边沙滩上，你捧起脚下的河水，你能说其中哪一滴是海洋本身的？哪一滴又是从长江汇入的呢？

在坚持我们自身的主体与特色基础上，我们必须要看到最基本的常识：是涓涓细流，汇成了万古江河；是海纳百川，才有容乃大。

学习别人家先进的、优秀的那部分内容并不丢人，它也并不会使你失去自己，更不会是矮化你自己。学习一切值得学习的事物，有什么不好呢？三人行，都必有我师，何况是面对整个人类社会呢？我想，大概只有那些只想守着自己一亩三分地的人、视野与知识贫瘠的人、缺乏勇气的与胆怯的人、大脑伴随着身躯一同日益老旧下去的人，才会顽固拒绝探索新事物与汲取别人优长吧！

人与国家都会老。

有些人活到老、学到老，永远对学习新事物充满动力，培养出的子孙后代也是一个个视野宏大、敢想、敢闯、敢干。拥有这样

333

人民的国家永远不会老去，它们始终对宇宙万物充满无尽好奇，它们国家的命运将会一直如《大学》里说的那样"周虽旧邦，其命维新"。

有些人则是一上了年纪就变得顽固，而且越老越顽固，甚至有的人是身未老、心已旧，什么新事物都排斥，什么外来的内容都看不惯。拥有这样人民的国家并不值得另眼相看，它们的未来已经没有多少想象空间了，也许它们只配在黄昏长影下守着些残破的老古董、卖些古建筑遗迹的门票聊以度日吧。

真诚赞美他人与真诚赞美自己一样，都不丢人。

只有那些看不到、并拒绝学习他人优长的人与民族，才是应该羞耻的。

最好的学习意愿与动力往往来自于危机感，来自竞争需要。在激烈的对撞与抵抗过程中，往往最能看清自己与他人的短长，因而学习愿意也最强，典型例子就是战国时赵武灵王率民学习"胡服骑射"，俄国彼得大帝学习西方的改革也是在同当时的北欧强国瑞典争霸战争中进行的。再看看韩愈、柳宗元等人发起的"古文运动"，起因也是为了与佛教竞争，为了反对佛学而倡导复兴儒家道统，但其结果却促成了儒佛相融与程朱理学的诞生。

从这些历史背后的逻辑里，我们今天是不是可以去分辨未来所需的答案呢？

回过头去看，作为儒佛相互融合的结果，学习了并消化了佛教严密的逻辑系统与部分思想的程朱理学，其在大明王朝实践的后果虽然并不太好，但程朱理学却再次奠定了中央帝国长期统一的思想基础。当程朱理学取代佛家尚"空"、道家尚"无"思想成为社会主导思想之后,儒家大一统的文化基因再次复活,成功消弭了可能导致帝国四分五裂危机的佛道思想的消极影响,此后中国再也没有出现汉末以来三国两晋南北朝、唐末后五代十国的那种大分裂与大混乱的局面。

另一方面,佛教在学习了与消化了中国本土文化资源后,到了唐朝时已演化成了中国特色的新佛教,也戏剧性地脱离了印度佛教那种寄托来世的虚妄,近乎成了求得今生今世开悟的修身养性哲学,明显地适应了中国这片更在乎"此世"而非"彼世"的土地,并进一步发展成为了有益于平衡社会欲望的、建构一个更加合理的"此岸"世界的、积极的中国文化内容的一部分。

日本也从中国的儒佛千年融合的壮举受益颇丰。

1600年,德川家康在关原之战中一举成为日本霸主,建立了江户幕府,随后便大力引入与推崇朱子儒学——也就是学习了佛学逻辑体系与融合部分佛学内容的"程朱理学",借以重新诠释武士社会关系与结构。日本社会也只有从这个时期开始,其儒家化的武士道才从最初盲目的宗教信仰进入自觉与理性的阶段,为它从武士阶层向农工商阶层的扩散提供了普遍的价值取向。(参见《神道教、禅门佛教及儒学思想文化观照下的武士道精神内核》,张璟)

而在南宋时期,禅宗的两大流派临济宗、曹洞宗传入日本之后,特别是在南宋亡国之际,一些禅师为避战祸而东渡,带动了禅宗在日本的广泛传播,并与日本本土的神道教融合,遍地开花,哺养了各种各样的"道",例如花道、茶道、剑道等等,近世日本社会所谓的"匠人精神"实际上也得益于禅宗哲学与其神道教的融合。鉴于日本军国主义的祸害与残忍,神道教在二战后剔除了国家神道那部分内容（但还没有剔除干净），其他那部分融合了禅宗精神的神道教一定程度上也给予了日本自身现代化以相当多有效的给养。

无论如何，站在中国主体的视角看过去，在历经了佛教传入、游牧民族多次入侵、西方近现代文化大潮全面袭来、内部多轮革命与革新运动等等一番番社会变动过程中，儒家文化传统终究能够不亡，并且能在实质上改变了印度传来的佛教性质、诞生中国特色的新佛教，同时儒家文化传统也以其潜移默化的身影全程参与塑造了近现代中国的历史进程，这就说明儒家文化传统作为中国社会核心内容的基础，它的生命力终归还是十分坚韧与顽强的。

如果一种社会自身的核心内容本就足够坚忍顽强，那为什么要担忧外来新事物呢？

从东汉末期到宋初，儒家文化历经千年沦落而能够不亡，能够新生，那么今天开放的心态更不会置儒家文化于死地。不妨想一想，为什么古代中国最繁荣的大唐王朝正好是历朝历代中最为开放的社会呢？这也不是偶然的吧。

反过来说，如果作为核心内容的一种文化在开放中真的消亡了，那只能说那种文化本身就是不适应社会发展需要的、缺乏竞争力的、见不得大世面的。例如历史上北方游牧民族往往在入主中原后被儒家文化同化，那就只能证明游牧文化这种内容在儒家文化面前缺乏自立的能力与底气，证明其本身就并不适合社会发展趋势的需要。

优胜劣汰，适者生存。复兴中国传统文化的最好方式肯定不是反这反那，不是翻箱倒柜地搞些奇奇怪怪的复古，不是焚香叩头顶

后记

拜礼，而是以自身文化传统挺身而起坦然接受外来挑战，并在迎接挑战中去证明自己的文化传统的生命力仍然旺盛，仍然具备强大的"可迁移能力"，仍然能够在现代化转型中涅槃新生。

这正如国术功夫要振兴，就不能搞些虚头巴脑的把式自欺欺人，不能靠着招摇撞骗去唬人，如果在擂台上几秒钟就被自由搏击KAO倒，那你怎么可能真正赢得尊重与空间呢？难道不是只能徒增一个又一个马保国式的笑料吗？在迈向现代社会的过程中，为什么韩国能发展出跆拳道、日本能发展出空手道，而且这些武馆竟然在中国的大街小巷广受欢迎、中小学生学徒们来来往往其中，而我们中国为何却没有发展出一个本土功夫道统的现代内容体系及其形式统一的无数武馆呢？

如果我们真要复兴传统，就再也不能像马保国那般用什么"闪电五连鞭"装神弄鬼，而是需要一个真正经过现代体系化全面深入梳理的新文化传统。

还是要开放、求真、务实地去实践，还是要谦虚地学习人家的先进与优秀内容，并在实践中再次革新与进步，最终建构出富有自己传统精神内涵的现代新内容。就这一点而言，要想复兴我们中国的文化传统，其实李连杰版的《精武英雄》这部电影所传达的精神就给予了我们一个很好的现代启示：即使是秘不外宣的霍家迷踪拳这种家传功夫，它也需要向外开放，需要融入拳击、步伐、现代体力训练的新模式，需要在与现代军体技击的对抗中重新发现与思考自己、定位自己与发展自己。

功夫与体育如此，社会制度如此，文化传统也不例外。

没有压力，就没有变革；没有质疑，就没有进步；没有否定，

337

就没有突破；没有对立的思想，就发现不了自己漏洞。

而没有大历史眼光，就看不见五百年的长线陷阱。

如果在这样的语境下去观察，当代中国社会所受到的冲击就远非过去一千多年间的佛教"入侵"所能比拟的。在我们如今的社会文化肌体中，同时存在着传统社会的儒家法家文化、源自德俄的组织文化、源自英美的市场与资本文化，它们之间的相互消化与融合程度结果将会怎么样呢？

我想，这种相互消化与融合的程度将真正决定中国社会的长久未来。

最重要的是，由我们过去一千多年历史的经验可以知道，中国本土的文化传统与现代文化精神融合的大趋势不可避免。这并不是谁吞掉谁的问题，也不是非此即彼的问题。如果西方近现代文化浪潮能够在世界上汹涌三四百年，并且遍地流淌，那么我们就应当承认它必有其缘故。

复兴自己的文化传统，绝不是意味着必然要反对别人文化中的优秀部分；学习别人文化内容之中的优长，也绝不意味着必然要否定自己的文化传统——即使一时表面上看起来是如此。

既然儒家与佛教的融合能发展出新儒学、新禅宗，谁又能说儒家文化与西方近现代文化精神的融合就不能发展出新事物呢？

既然如此，我们就应当一面反思并大力创新中国自身的文化传统，一面勇敢探索西方的近现代文化，这两件事看起来很矛盾，但矛盾统一。

不要害怕顾此失彼，不要担心鸠占鹊巢。没有外来文化的现实压力与新鲜血液，哪来逼迫本土文化革旧除腐与焕然新生的动力呢？大清帝国"天朝上国"的迷梦不就是在自我封闭与排外之中这样破灭的吗？

回顾我国的古代史与近现代史，既然儒家文化曾吸收了佛教思想而将之中国化、吸收了德俄马列思想而将之中国化、吸收了英美资本与市场思想而将之中国化，那么面对浩瀚未来，儒家文化也一定能够吸收包括西方近现代文化在内的一切古今中外优秀文化而将之中国化，有什么好害怕的呢？还是要自信。

有必要记住如下事实——

第一，梁启超、孙中山、鲁迅、毛泽东、邓小平等这些近现代中国最优秀的人物，本身正是儒家文化培养出来的东方学生；第二，这些优秀的东方人物又是如何改变中国的呢？事实是他们改变中国的办法，全都以儒家传统精神为根基，同时认真研究并汲取了西方近现代文化：梁启超正是在日本接触了西方近现代文化之后，才写出了影响深远的《新民说》；孙中山正是在早期耳濡目染了西方近现代文化后，才有了革命之功；鲁迅不但懂日语、俄语，还专门学习了德语，他正是在日本学习了西方近现代文化后，才痛觉中国传统文化中的种种弊病，开始写出了一篇篇战斗檄文；毛泽东正是在融合了德俄的马列思想后，才在实践中诞生了毛泽东思想；邓小平也正是有过青年时期在法国与苏联学习、工作、生活、奋斗的西方社会实践经历，才有了后来领导改革开放的盛举。

这些东方先贤们的伟大足迹就说明了一个道理，那就是中华文明能够历经几千多年而生生不息，那就说明她自有识别其他文化内容优劣的慧根，自有规避其他文化弊端的能力，自有汲取自己与他人优长的胸怀。

在这样的基础认知上，那种还将东方文化传统与西方近现代文化完全对立的观点，那种文化上华夷不同处、汉贼不两立、敌我不共存的排异论调，就有可能走向偏狭的民粹主义误区，就有可能造成当代中国年轻人在建设自己"核心内容"时踏上方向性歧途。

这种民粹化的思潮表面上声势有多大，潜伏的危害就有多大。

因此当然必须要有民族主义精神，只有这样我们才能赖以自立自强；因此又当然必须防止民族主义过头，近代中国历史的惨痛教训早就证明了狭隘的民族主义其实是饮鸩止渴。

自黄仁宇先生提出大历史观以来，忽忽已过去数十年，如今能有这种长线思考方式的我国年轻人仍然不够多。

而且大历史观也仅仅只是个开始。

在通往繁荣富强的现代中国之路上，还需要一代又一代的青年知识精英群体前赴后继，就像唐宋时的韩、柳、欧阳、苏那群文人士大夫重振儒家道统一样，就像近代中国陈、李、胡、鲁、蔡这群知识分子迎接现代文化一样。

当有着数千年文化历史的中国迎接现代化的大浪潮冲撞，我们就必须清楚，中国近现代史的经验已经证明了，中国的事情光靠西方近现代文化不行，因为我们缺乏信哪个神的宗教传统，生搬硬套开出的奇花异果终究是无根之木、无源之水的南橘北枳；但中国的事情光靠中国自己的文化传统也不行，因为在我们文化传统中的光芒与暗影从来都是并存的。

只有立足我国本土数千年的文化传统，并充分融合与汲取包括西方文化在内的一切世界文化之优长，才是我们实事求是的理性做法，也才是我们走向光明未来的必由之路。

后记

我们只有先懂得如何长线看世界、长线看中国、长线看你我众生之"我",才能拥有立足于长线意识去蓬勃生长的能力……作为本书的尾声,我相信我们新一代的年轻人一定能够懂得其中蕴含的根本意义。

在中国文化传统现代转型之路上,需要并期待新一代的年轻人拥有清醒的头脑、开阔的眼光、理性的行为,让我们一起不狭隘、不封闭、不保守、不自满、不狂妄、不极端、不浮夸、不崇拜、不依附、不奴性、不自欺、不自卑、不虚无、不犹豫、不畏惧、不投降、不退缩,不消散理性,不停顿向包括儒家文化传统与西方近现代文化在内的全世界优秀文化谦逊学习的大脑。

因为我已看过长线的历史,所以我相信中国的内容。

我觉得,你也一样。